Bibliothèque religieuse, morale, littéraire,

Publiée avec approbation

De Mgr. l'Archevêque de Bordeaux,

dirigée par M. l'abbé Rousier.

<hr>

BUFFON.

L'éléphant montait et dansait sur la corde te...

Pa...

BUFFON
DES PETITS ENFANS,

Premières connaissances, aussi amusantes
que curieuses, pour apprendre
l'Histoire Naturelle.

Par Ch. DELATTRE,

Auteur du Spectacle de la Nature, et de l'Industrie humaine.

Paris,
Chez Martial Ardant Frères,
quai des Augustins, 25.

Limoges,
Chez Martial Ardant Frères,
rue des Taules.

1850.

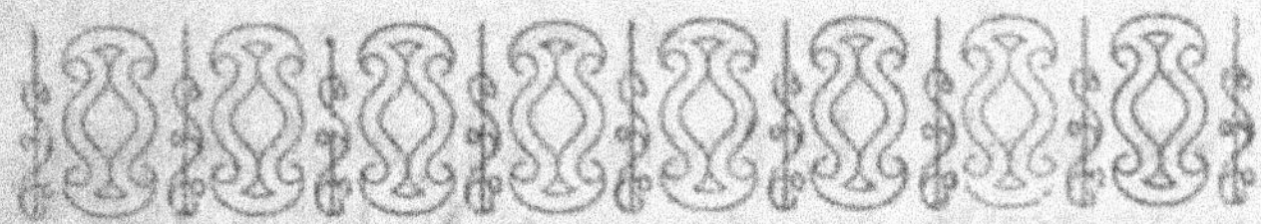

CHAPITRE PREMIER.

Van-Amburgh. — Carter. — Le jardin des Plantes. — Le jaguar, et l'enfant du Brésil.

Que fait-tu donc là, Jules? dit M. Lorimer à son fils, qu'il trouvait installé dans son cabinet, profondément enfoncé dans la lecture d'un journal.

Jules.

Je lisais quelque chose qui ressemble à un conte de fée; c'est un homme qu'on appelle un dompteur, qui entre dans la cage d'un lion, qui fait ramper l'animal à ses pieds, le frappe s'il n'obéit pas, lui présente à manger et le lui retire... tout cela n'est pas vrai, n'est-ce pas mon père ?

M. Lorimer.

Tout cela est vrai,... Les *dompteurs*, comme on les appelle, et qui sont à la mode aujourd'hui, ne sont pas renouvellés des Grecs, mais des Romains, qui avaient des *dompteurs* fort habiles.

Jules,

Mais, mon oncle m'a donné un livre, le petit Buffon de la jeunesse, où l'on dit que les lions et les tigres sont des animaux très-féroces, qui dévorent les autres bêtes et même l'homme; j'y ai lu aussi que le tigre massacrait tout ce qu'il rencontrait, sans avoir faim, pour satisfaire sa terrible passion pour le meurtre et le sang.

M. Lorimer.

Le petit Buffon n'est pas un oracle, et il t'a induit en erreur,

Jules.

Comment, le lion et le tigre ne sont donc pas féroces ?

M. Lorimer.

Il faut s'entendre sur la valeur du mot féroce. Les animaux carnassiers se nourrissent de chair, et la plupart de proies vivantes ; lorsqu'ils sentent le besoin de prendre de la nourriture, il faut bien qu'ils se mettent en chasse ou à l'affut, et qu'ils immolent la victime qui se présente à eux. Ce besoin de prendre la nourriture convenable à leur espèce, constitue ce que l'on nomme *férocité*... La faim une fois apaisée, l'animal devient inoffensif ; et s'il n'est pas attaqué le premier, il ne violera nullement la paix. Il ne se montrera l'ennemi d'aucune espèce vivante.

Jules.

Ainsi, le tigre n'égorge pas pour le plaisir de voir couler le sang ?

M. Lorimer.

Nullement.... j'ajouterai à ce que je viens de te dire, que les animaux n'attaquent jamais l'homme les premiers : ils s'irritent s'ils sont poursuivis, ils vendent chèrement leur vie si l'homme veut la leur ravir ; en cela ils obéissent à la loi de conservation de l'espèce établie par la nature, l'instinct de défense est inné dans tous les êtres vivans.

Jules.

De sorte qu'un lion ou un tigre ne m'attaquerait pas, si je ne l'attaquais le premier.

M. Lorimer.

Non, à moins qu'un long jeûne ne les mette dans un état d'excitation, qui n'est plus leur état naturel ; dans ce cas, ils ne connaissent plus rien, ils se jettent sur tout ce qu'ils rencontrent, aveuglés par la fureur du besoin ; ils ne se conduisent pas alors autrement que l'homme en pareille circonstance : combien de fois n'a-t-on pas vu de malheureux naufragés, privés de nourriture, se jeter, exaspérés par la faim, sur leurs compagnons d'infortune et les dévorer !

Jules.

Ah ! oui, comme les naufragés de la Méduse : j'ai lu cette terrible histoire.

M. Lorimer.

Les animaux carnassiers sont si peu redoutables pour l'homme, que dans l'antiquité, du temps de Carthage et de Rome, le nord de l'Afrique fourmillait de lions et de panthères, au point que l'on prenait ces animaux pour les conduire par troupeaux à Rome, et néanmoins la population de ces contrées était alors aussi abondante que de nos jours celle de l'Europe.

Jules.

Je n'aurais pas aimé habiter dans un pareil pays. Mais que faisaient les Romains de tant de lions et de panthères ?

M. Lorimer.

Ils les faisaient combattre dans le cirque contre les esclaves, dressés exprès, que l'on nommait gladiateurs; d'autres fois ils excitaient la rage de ces animaux, après les avoir privés de nourriture, et les lançaient par centaines les uns contre les autres. C'était, pour le peuple Romain, un délicieux spectacle que de voir les ongles tranchans, les dents acérées des lions s'enfoncer dans les chairs palpitantes des hommes, des cerfs, des gazelles, des loups, des chiens, des tigres; ils applaudissaient en voyant couler le sang à grands flots, ou lorsque le rhinocéros et l'éléphant éventraient, ou étouffaient leurs furieux adversaires.

Jules.

Mais c'est abominable; ils étaient bien méchans, ces Romains!

M. Lorimer.

Le peuple de Rome était un monstre à cent mille têtes, bien digne d'être gouverné par des Néron, des Caligula, et des Domitien.

Jules.

A quoi leur servaient ces dompteurs dont tu me parlais tout-à-l'heure?

M. Lorimer.

A dresser des animaux : comme le grand tigre royal de l'Inde était fort rare à Rome, on ne le sacrifiait pas avec prodigalité comme les lions et les panthères ; mais les hommes appelés *bestiaires* les apprivoisaient et les dressaient à chasser le cerf, le daim, la gazelle et le chevreuil dans le cirque, que l'on transformait pour ces solennités en forêt en y plantant des arbres. Les tigres obéissaient à leurs gardiens, et après la représentation ils les suivaient dociles et souples comme les meilleurs chiens et rentraient dans leurs loges. On raconte des choses merveilleuses de l'adresse de ces hommes, qui pliaient les animaux les plus forts, à leur volonté, au point de contraindre l'éléphant, ce colosse animé, à monter et à danser sur la corde tendue,

Jules.

Un éléphant devait faire là-dessus une drôle de figure, j'aurais bien voulu en voir un faire le saut périlleux ! Ainsi les dompteurs dont parle le journal existent bien réellement.

M. Lorimer.

Oui, ce sont deux américains : l'un se nomme Van-Amburgh et l'autre Carter : ayant entendu parler des hauts faits d'un autre homme, appelé Martin, qui a fait fortune en se montrant sur les divers théâtres des villes de l'Europe, où il paraissait dans une cage en compagnie d'un lion et d'une hyène, ils imaginèrent de recourir au même moyen pour s'enrichir. Van-Amburgh, simple cornac d'une ménagerie ambulante d'Amérique, imita le premier Martin sur lequel il enchérit ; et Carter, qui parut après lui, les surpasse encore en audace, car ce dernier ne se contente pas d'entrer dans la cage de ces animaux, mais il les produit en public, sans clôture ni entraves, il les couche les uns sur les autres, les frappe, se roule sur eux, attèle un lion à un char, sur lequel il monte comme un triomphateur.

Jules.

Probablement que les dompteurs Romains n'en faisaient pas autant.

M. Lorimer.

Ils faisaient mieux encore, il dressaient des attelages complets de tigres de l'Inde, ainsi le jeune fou qui gouverna l'empire pendant quelques instans sous le nom d'Héliogabale, voulant imiter ce que la Mythologie raconte de Bacchus, parcourut Rome, couronné de pampre et de raisins, monté sur un char traîné par six grands tigres de l'Inde, et suivi d'une foule d'hommes et de femmes vêtus en satyres et en bacchantes. On a vu de même dans les rues de Varsovie, un prince polonais se faire traîner par un attelage d'ours blancs.

Jules.

Si j'en voyais autant, je n'aurais pas

assez de jambes pour courir aussi vite que je le voudrais.

M. Lorimer.

Tu aurais tort, la peur est indigne de l'homme; avec du courage et du sang-froid, on se tire, presque toujours, des plus grands dangers : il faut donc s'habituer à ne jamais s'affrayer, mais bien à apprécier à l'instant même, la position où l'on se trouve, et à calculer en même temps les meilleurs moyens d'y faire face. Les malheurs sont ordinairement la suite de la crainte, et de la faiblesse du courage.

Jules.

Mais, se rencontrer en face avec un lion, un tigre, ou des ours blancs !

M. Lorimer.

S'ils ont subi le joug de l'homme, ils sont peu à craindre; dans leur état de nature ils sont bien moins redoutables qu'on ne pense. Dans l'Inde les chasseurs de tigres sont obligés de tirer sur ces animaux plusieurs fois, avant de les

Le Lion.

Le Tigre.

L'Éléphant.

Le Rhinocéros.

contraindre à suspendre leur fuite et à
se défendre. Victor Jacquemont, intrépide voyageur français, mort il y a
quelques années, avait conçu le plus
grand mépris pour le tigre; et il se
plaint quelque part, de ne pouvoir par-
venir, quoiqu'il fasse, à en voir un de
près; ils ne savaient que fuir comme de
timides lièvres. Le frère de notre illustre astronome Arago, qui a voyagé autour du monde, raconte dans un de ses
curieux récits, qu'un horloger français
établi au Cap-de-Bonne-Espérance, n'a
pas de plus grand plaisir que d'aller seul,
chasser le lion dans les environs du
Cap; un jour, il en rencontra un de la
plus grande taille, qui n'osa jamais l'attaquer le premier, quoiqu'il se fût avancé
si près de lui que leurs haleines se con-
fondaient, le chasseur tenait le lion au
bout de son fusil: mais il avait eu le
caprice de ne pas être ce jour-là le premier agresseur, il attendait que l'animal
commençât l'attaque: le lion après l'a-
voir fixé, et être revenu près de lui

plusieurs fois, se mit à courir et disparut.

Jules.

Je lui souhaite bien du plaisir, mais jamais je n'accompagnerai ce monsieur à la chasse.

M. Lorimer.

C'est que tu es un poltron ; eh bien ! je vais te raconter ce qui est arrivé à un homme de ma connaissance, lorsqu'il était encore enfant. Antonio Silveira de Los Valles est né à Fernambouc, au Brésil : son père avait l'habitude de passer une partie de la saison des chaleurs dans un domaine qu'il possédait dans une province de la frontière méridionale, près d'une immense forêt vierge, habitée par des jaguars, des singes, des tajurs, et une foule de reptiles dangereux : c'était un redoutable voisinage selon nos idées européennes, pour les Brésiliens de l'intérieur il est assez indifférent ; aussi le jeune Antonio n'avait jamais pensé qu'il pouvait y avoir du danger à se promener dans un pareil repaire. Un jour donc, qu'il y faisait sa course habituelle, il aperçut un jeune ouistiti (1) qui poursuivait des insectes. L'idée lui vint de s'emparer de ce singe, qui paraissait avoir quitté depuis peu sa mère. L'ouistiti, serré de près, se jeta dans un fourré fort épais, où il disparut promptement. Cependant, Antonio ne voulut pas abandonner la proie qu'il ambitionnait. Il s'enfonce bravement dans le fourré, écarte les lianes qui lui font obstacle, se croit sur les traces de son singe, parce qu'il voit à quelque distance de hautes herbes s'agiter, il arrive dans cet endroit, où il trouve cinq jeunes jaguars qui pouvaient avoir un mois et qui jouaient ensemble, la mère n'était pas au gîte ; il en prend deux et retourne sur ses pas. A peine hors du bois, il entend les cris de fureur du jaguar femelle, qui ne trouvant pas ses petits, se mit à la poursuite du

(1) Espèce de singe qui vit à terre dans l'Amérique méridionale.

ravisseur : bientôt, il découvre l'animal, qui arrivait en bondissant. Antonio s'arrête, jette un des petits à quelques pas devant lui et tire un long poignard dont il était armé suivant l'usage du pays. Le jaguar s'arrête, ramasse avec sa gueule, à la manière des chats, son petit, et reprend sa course vers la forêt, pour le reporter au gîte. L'enfant brésilien au fait des mœurs de ces animaux avait compté sur cette circonstance et calculé qu'avant le retour du jaguar il serait rentré chez son père ; cependant, quoi qu'il eût hâté le pas, il fut trompé par la célérité de l'animal. Antonio avait atteint les murs d'enceinte de l'habitation, déjà il n'était plus qu'à six pas de la porte, lorsqu'il entend de nouveau le jaguar, il se retourne et voit qu'il sera atteint au moment même où il touchera la porte, il peut éviter le danger en jettant l'autre petit, mais il voudrait conserver son prisonnier, il se fait un point d'honneur de le rapporter en trophée à son père. Il tenait son arme à la main, sans pousser un cri, sans appeler à son secours, il se prépare à résister à l'ennemi et à le vaincre, il s'appuie contre le mur et laisse tomber le petit à ses pieds. Tout ça n'avait demandé qu'un instant, la femelle s'arrête une seconde, comme indécise si elle se vengera, ou si elle sauvera sa progéniture ; enfin l'amour maternel l'emporte, elle baisse la tête pour ramasser son petit. C'est-là que l'attendait Antonio ; rapide comme la pensée il se précipite sur le dos de l'animal en lui enfonçant son fer dans le flanc ; il se lève non moins vite et recule de quelques pas. Le jaguar furieux s'était brusquement retourné, il cherche à se relever, mais la douleur semble le clouer à terre. C'était un terrible spectacle que de voir le redoutable animal, la gueule ouverte, la langue pendante, les yeux étincelans, les pattes étendues, semblant prêt à s'élancer avec rage ; Antonio toujours calme et sur la défensive, le fixait et serrait fortement la poignée de son arme. Enfin, le jaguar fait un puissant effort, il bondit, l'enfant s'écarte rapidement, et la bête féroce retombe à l'endroit même où toute-à-l'heure était son ennemi; le poignard se replonge une seconde fois dans le flanc du jaguar, qui pousse un cri terrible et meurt; la lame lui avait traversé le cœur. Ce cri avait été entendu de l'intérieur, la mère d'Antonio pense que son fils est dehors; éperdue, elle appelle, les nègres accourent, on sort, et l'on voit l'héroïque enfant tenant le petit vivant sous un bras, et s'efforcant de traîner vers la porte l'animal qu'il venait d'immoler.

Jules.

Ah! je respire, j'ai bien cru que le pauvre Antonio servirait de pâture à la mère et à ses petits. A sa place je serais mort de frayeur, rien qu'en trouvant le gîte du jaguar.

M. Lorimer.

C'est que tu n'es qu'un Parisien.....
Pour te familiariser avec la vue de ces

Le Léopard.

Le Loup.

La Panthère,

Le Singe.

animaux, je te conduirai aujourd'hui au jardin des plantes, et lorque tu auras vu le lion, le tigre, les ours vivans, les singes, et le cabinet, je te donnerai quelques instructions sur l'histoire naturelle.

Jules.

Ah! papa quel bonheur! comme je vais bien m'amuser.

Les deux interlocuteurs dont je viens de vous rapporter la conversation, étaient un ancien officier-général, retiré du service après d'honorables campagnes, et son jeune fils dont il se plaisait à faire lui-même l'éducation; c'était sa plus chère occupation, et il en était amplement récompensé par l'attention que Jules apportait à ses instructions, et par la constante application de cet enfant à remplir ses devoirs.

Dans l'après-midi du jour où avait eu lieu l'entretien, M. Lorimer, selon sa promesse, mena Jules au jardin des plantes.

En s'y rendant il lui apprit l'origine de cet établissement, qui destiné primitivement à la culture des plantes médicinales pour les pauvres, porta d'abord le nom de Jardin des Apothicaires; c'est à l'illustre Buffon que l'on doit les galeries d'histoire naturelle, si riches aujourd'hui. La ménagerie y a été transportée de Versailles, après la révolution. Cette magnifique création, sans rivale en Europe et même dans le monde entier, prend chaque année de nouveaux accroissemens : on vient d'y terminer d'admirables galeries minéralogiques, des serres qui semblent une réalisation des jardins des fées, où, sous la direction du savant M. de Mirbel, on cultive les plus admirables plantes des contrées équatoriales des deux mondes.

CHAPITRE II.

Les animaux en général — Les mammifères.

Le lendemain de la visite au jardin du roi, Jules ne parlait que de ce qu'il avait vu la veille; le palais des singes avait excité son admiration, il riait encore du magot, qui lorsque ses pétulans camarades le taquinent par trop, grimpe au faîte de la coupole, se met gravement à carillonner avec une cloche, dont le son met en fuite la foule turbulente. Les ours, si grotesques dans leurs postures, l'avaient aussi beaucoup amusé; enfin il décrivait pompeusement la promenade de la girafe, la masse informe de l'éléphant, et les allures pleines de souplesse des lions et du tigre. Le jaguar surtout, avait attiré son attention, et il ne concevait pas comment en Amérique de simples enfans osent affronter ce terrible animal. Depuis le matin, Jules s'attachait à chaque personne de la maison qu'il rencontrait, pour lui parler de ce qu'il avait vu. Après le dîner, M. Lorimer le conduisit dans son cabinet, et lui dit :

— Mon cher enfant, pour que notre promenade d'hier, te soit utile, nous aurons ensemble plusieurs entretiens, qui graveront dans ton esprit les notions d'histoire naturelle nécessaires à ton âge, et te donneront des idées nettes et précises sur ce sujet si intéressant.

Jules.

Si tu es content de moi, papa, veux-tu commencer dès aujourd'hui ?

M. Lorimer.

Très-volontiers..... tiens, voici une gravure, examine-la, et tâche d'en découvrir le sujet ?

Jules.

C'est, je crois, Adam et Eve dans le paradis terrestre, entourés de tous les animaux... combien il y en a ! Les uns semblent se prosterner, les autres descendant du haut des airs, les autres sortent du fond des eaux. Je reconnais le chameau, le bœuf, le lion, l'éléphant, le zèbre, le cerf, l'aigle et une foule d'autres.

M. Lorimer.

Dieu avait achevé le magnifique ouvrage de la création, l'homme existait, et la première femme sortant depuis quelques instans des mains du Tout-Puissant, venait de recevoir la mission d'embellir l'existence du père du genre humain. Adam dès lors pouvait communiquer ses pensées à un être doué comme lui d'une âme riche du don magnifique de l'intelligence ; Eve jouissait avec extase de la vie, tout était pour elle un sujet d'admiration, lorsque son époux voulut lui faire connaître les beautés du lieu de délices, leur séjour, et les êtres animés, sujets de son empire. Tous les deux se placèrent sur un lieu élevé qu'ombrage un palmier majestueux : à la voix d'Adam toutes les créatures s'approchent en foule, et comme si, à cette époque primitive, leur instinct était plus voisin de l'intelligence que dans les âges de déchéance, ils semblent témoigner par leurs regards, les respects qu'ils doivent aux deux rois de la création, formés à l'image de Dieu, et qui portent empreint sur le front le signe de leur divine origine. Adam nomme ensuite chacun de ces animaux à sa compagne, qui les admire et est plongée dans un ravissement ineffable. Tel est le moment que l'artiste a choisi pour sujet.

Jules.

Cette gravure conviendrait parfaitement comme frontispice à un ouvrage d'histoire naturelle, puisqu'elle retrace l'image de diverses classes d'êtres animés.

M. Lorimer.

C'est pourquoi j'attire sur elle ton attention, ne t'inspire-t-elle pas quelque réflexion ?

Jules.

Oui, elle me rappelle celle que je faisais hier dans le cabinet d'histoire naturelle : que le nombre des animaux est bien grand, et que je ne comprends pas comment on peut en retenir les noms et les distinguer les uns des autres.

M. Lorimer.

C'est cette connaissance qui constitue la science de l'histoire naturelle, science que tu es trop jeune encore pour approfondir, mais si tu veux, je te donnerai dans ce qui ne te paraît qu'un chaos, un moyen de porter l'ordre et la lumière.

Jules.

Si je le veux ! c'est mon plus grand

désir, tu peux compter sur mon attention et sur ma reconnaissance.

M. Lorimer.

Commençons donc. Pour mettre de l'ordre dans l'étude de l'histoire naturelle, les naturalistes ont divisé par classes tous les êtres de la création ; ils ont donné le nom de règne inorganique, à la classe qui comprend les corps bruts et inanimés, comme les pierres, les métaux, l'eau et l'air.

Jules.

Que signifie inorganique ?

M. Lorimer.

Ce mot veut dire sans organe. Les organes sont toutes les parties du corps nécessaires au maintien de l'existence et au service du corps, comme les yeux, les oreilles, les narines, la langue, les mains, que l'on appelle organes des sens ; les membres, la peau, le cœur, l'estomac, les intestins, etc.

La seconde classe comprend donc les

ètres qui possèdent des organes : elle forme le règne organique.

Jules.

Ainsi, celle-la renferme tous les animaux ?

M. Lorimer.

Et plus encore, les arbres et les plantes de toute espèce.

Jules.

Comment, mais je ne leur vois pas d'organes; un arbre n'a ni yeux, ni mains, ni cœur, ni intestins. — Il n'est pas vivant.

M. Lorimer.

Pourquoi donc dis-tu que ton rosier est mort ?

Jules.

Parce qu'il ne donne plus ni feuilles, ni roses, et qu'il est tout sec.

M. Lorimer.

C'est qu'il était vivant, lorsqu'il te donnait ces jolies productions ; les organes d'un végétal, sont la racine, la tige, les branches, les feuilles, les fleurs, les fruits; dans la plante il y a des vaisseaux, et dans les vaisseaux de la sève, liqueur qui circule, comme le sang dans notre corps.

Jules.

Ce qui vit, se nourrit, et les plantes ne mangent pas.

M. Lorimer.

Pourquoi fume-t-on la terre avant d'ensemencer et de planter? Ce fumier est la nourriture de la plante, qui s'en empare non par une seule bouche, mais par des milliers de bouches fixées sur les filets les plus déliés de la racine. Les plantes respirent aussi, comme toi, mais par leurs feuilles. Tu vois donc qu'elles sont vivantes.

Jules.

C'est vrai, mais je ne m'en doutais pas.

M. Lorimer.

Continuons : le règne organique se

divise, comme tu le vois, en végétaux et animaux; puis on subdivise les animaux en deux autres grandes classes, suivant qu'ils ont ou n'ont pas d'os.

Jules.

Comment? des animaux sans os?

M. Lorimer.

Certainement? le hanneton, la mouche, la limace ont-ils des os?

Jules.

Non, vraiment!

M. Lorimer.

Il y a donc des animaux qui ont des os, et d'autres qui n'en n'ont pas.

On appelle les premiers vertébrés, parce qu'ils ont une épine du dos formée d'os nommés vertèbres, les autres sont dits invertébrés ou sans vertèbres.

La division des vertébrés se partage en quatre classes;

1° Les mammifères, comprenant les animaux qui nourrissent leurs petits de lait jusqu'à ce qu'ils soient assez forts pour chercher eux-mêmes leur subsistance. Le chien, le cheval, le bœuf, le lion, sont des mammifères.

2° Les oiseaux qui sont couverts de plumes, qui ont un bec au lieu de bouche et de dents, qui se soutiennent dans l'air avec des *ailes*, et qui pondent des œufs qu'ils couvent ensuite pour donner naissance à leurs petits.

3° Les reptiles dont la peau est chez la plupart couverte d'écailles, qui traînent leur ventre sur la terre en marchant, et qui pondent des œufs comme les oiseaux.

4° Les poissons, destinés à vivre dans l'eau où ils se meuvent avec des nageoires qui leur tiennent lieu de membres.

La classe des invertébrés, se subdivise à son tour,

1° En mollusques, animaux mous, qui vivent pour le plus grand nombre, dans les coquillages de la mer, comme les huîtres, les moules, etc. Sur terre les limaces et les limaçons.

2° Les animaux articulés, qui ont une peau dure, formant diverses pièces mobiles, articulées entre elles. On range dans la classe des articulés les insectes, les écrevisses ou crustacés, les araignées et les vers.

3° Enfin les animaux rayonnés, qui sont les plus simples de tous en organisation, ils sont formés de rayons mobiles disposés autour d'un corps en forme de sac qui n'a qu'une ouverture pour prendre les alimens et rejeter le résidu de la digestion ; dans cette classe se trouvent surtout les polypes, les étoiles de mer, etc.

Jules.

Je commence à m'y reconnaître, je crois que je pourrais entreprendre de former un cabinet d'histoire naturelle ; j'aurai une chambre pour chaque classe.

M. Lorimer.

Tu es bien présomptueux... Et comment mettrais-tu de l'ordre dans chaque chambre ? par exemple dans ton cabinet de mammifères, on verrait le singe auprès du lion, le rat à côté de l'éléphant. Une classe, vois-tu, est elle-même subdivisée en ordre, puis l'ordre en genre, et chaque genre en espèces : et, avant de connaître tout cela, il est impossible d'entreprendre de classer la moindre production naturelle. Mais c'est assez pour aujourd'hui de ce que je t'ai appris, nous reprendrons demain notre conversation.

CHAPITRE III.

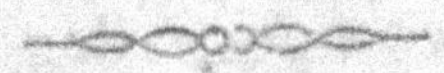

**Les mammifères. — Le mousse et les jockos.
— Le Taupier désappointé. — Le garde de
Fontainebleau. — Le loup de M. de l'E-
tang. — Le lion et le zouave.**

M. Lorimer.

Je te parlerai aujourd'hui des mammifères, qui forment la première classe
des animaux vertébrés. On divise la
classe des mammifères en neuf ordres :
1° Les bimanes, division qui renferme
la race humaine et ses variétés, savoir :
la variété blanche ou indo-europénne,

2° La variété noire ou éthiopique qui habite l'Afrique. 3° La variété jaune ou mongolique qui se trouve dans l'Asie orientale où elle peuple la de Chine, la Cochinchine, le Thibet et la Tartarie. 4° La variété rouge formée des peuplades sauvages de l'Amérique.

Le second ordre est celui des quadramanes ; il se compose des nombreuses tribus de singes ; quadramanes veut dire qui a quatre mains. En effet, les singes n'ont pas le pied conforme comme le nôtre, il est plat., les doi.ts en sont allongés, flexibles, disposés pour saisir comme notre main, et c'est en effet une véritable main fort adroite.

Jules.

Oui, je me rappelle que les singes du jardin des plantes se suspendaient par les pieds, et qu'ils saisissaient leurs barreaux, aussi bien avec cette partie qu'avec les mains.

M. Lorimer.

Au lieu de dire qu'ils se suspendaient

par les pieds, tu diras désormais par les mains inférieures, puisqu'ils ont quatre mains, et que l'homme seul est *bimane*, c'est-à-dire pourvu de deux mains. Les singes se divisent en singes proprement dits, qui habitent l'Asie et l'Afrique, et en singes à nez plat qui se trouvent en Amérique. Les vrais singes se subdivisent en plusieurs genres, les pongos ou jockos, les gibbons, les maccaques, les cynocéphales et les guenons. Les pongos se trouvent en Afrique dans les royaumes du Congo et de Loango, et en Asie dans les grandes îles de Bornéo et de Sumatra ; ils ont communément de un mètre et demi à deux mètres de hauteur, leur force est prodigieuse ; un seul d'entre eux peut terrasser dix hommes. De tous les singes ce sont ceux qui se rapprochent le plus de l'homme, par les formes, et surtout par un instinct qui semble voisin de l'intelligence. En voici un exemple :

Le navire du Hàvre *la Belle-Amélie*, qui naviguait dans le mer de la Malaisie, pour compléter un chargement d'épices, fut surpris le 24 septembre 1835 par un coup de vent violent, et brisé contre un rocher. Malgré les efforts inouïs de l'équipage pour résister à la tempête, la Belle-Amélie sombra, ceux qui la montaient périrent dans les flots, il n'y eut de sauvé qu'un jeune mousse, nommé Charles-Héraut, de Rouen, alors âgé de quinze ans, qui, au moment du désastre était occupé à couper le mât d'artimon ; un fragment de rocher sur lequel le mât vint frapper, lorsque le bâtiment s'enfonça sous les ondes, acheva de briser cette pièce de bois. Héraut retomba sur les flots, embrassant un fragment détaché du mât, puis une vague le jeta sur le roc où elle laissa à sec en déferlant. Le naufragé trouva un abri dans une cavité du rocher, encore fut-il obligé de le disputer à d'énormes crabes qui y faisaient leur demeure. La tempête dura environ douze heures, après quoi le ciel redevint clair et serein, le soleil se leva dans toute la magnificence qu'il déploie sous les tropiques, et le jeune Héraut sortit de son antre pour reconnaître le lieu où la Providence l'avait conduit. Hélas ! c'était un îlot de quelques mètres d'étendue, sans verdure, sans eau douce, et n'offrant aucune ressource ; il y avait de quoi décourager l'homme le plus intrépide. Dans le premier moment Héraut fut tenté de

se précipiter à la mer pour abréger les souf-
frances de la longue agonie qu'il prévoyait ;
mais tout-à-coup sa pensée se reporta sur sa
mère, en un instant toute son enfance sembla
se reproduire à ses yeux ; il voyait l'humble
demeure où il était né, le berceau qu'il avait
partagé avec ses frères, le Christ d'ébène et
d'ivoire suspendu au-dessus de ce premier asile
de son enfance. Alors lui revinrent à l'esprit
les sages instructions de cette mère, qui ne
lui avait donné que les principes les plus purs
et les plus chrétiens ; il se rappela qu'elle lui
disait que l'homme a reçu de Dieu l'existence,
et qu'il ne peut en disposer, que Dieu seul
est maître de la reprendre. Il se dit : Puisque
Dieu m'a sauvé hier, il ne m'abandonnera
pas aujourd'hui, courage donc, et espérance.
Après avoir eu cette bonne pensée, il reporta
ses yeux sur la mer, et il aperçut dans le
lointain une terre couverte d'arbres verdoyans.
Cette vue le ranima tout-à-fait, et il ne son-
gea plus qu'aux moyens d'atteindre cette terre
où il serait sauvé. Mais le besoin impérieux
de la faim se faisait sentir et avant tout, il
fallait l'apaiser ; Héraut pensait bien aux crabes
importuns de la nuit, mais comment se résoudre à manger leur chair crue.

L'idée lui vint de rassembler des plantes marines qui croissaient en abondance à la base
du rocher, et de les exposer à l'ardeur du

soleil ; pendant qu il se livrait à ce travail, il amena avec plusieurs des grands goémons, (1) quelques moules et quelques huitres qui lui servirent de déjeuner. Pendant que les herbes séchaient au soleil, Héraut se mit à la recherche des crabes, il en découvrit un énorme, dont il évita difficilement les pinces tranchantes, mais qu'il parvint enfin à tuer en se servant d'une pierre comme d'un marteau, et qu'il fit cuire sur ses goémons desséchés ; ses forces ainsi réparées, il avisa aux moyens de sortir de l'ilot ; gagner la terre à la nage, était impossible, malgré le calme de la mer, ses forces n'auraient pu suffire à une telle entreprise.

Que faire donc ?

Comme le naufragé était dans cette anxiété, il aperçut plusieurs tonneaux et quelques piéces de bois que la vague roulait sur une petite plage de sable, il courut de ce côté dans l'espoir de tirer parti de ce secours inespéré. Avec beaucoup de travail il parvint à mettre à l'abri de la marée plusieurs tonneaux et six piéces de bois assez grosses, provenant de la membrure du vaisseau, il avait découvert sous l'eau quelques caisses engagées dans les pointes du rocher; mais ses forces n'avaient

(1) Plantes marines.

pu suffire à les dégager. Des tonneaux provenant du sauvetage, l'un contenait du vin
de Bordeaux, qui lui fut d'un grand secours
pour calmer la soif qui le tourmentait, un
autre renfermait des cordes goudronnées, et
le reste des tripangs salés ; c'est une sorte de
mollusques que l'on pêche sur les côtes des
îles de l'Océanie pour importer en Chine, où
on les regarde comme un mets très - délicat.
Héraut passa la seconde nuit après son naufrage dans l'antre des crabes, et le lendemain
se mit à l'ouvrage. A l'aide de ses cordes,
il repêcha des planches, et parvint à dégager
une des caisses échouées entre les anfractuo-
sités du roc : ô bonheur inespéré ! cette caisse
contenait des clous, une scie, plusieurs marteaux, une hache et des barres de fer. Dès
lors son plan fut bientôt fait, il allait construire un radeau et se diriger vers la terre.
Une circonstance néanmoins l'inquiétait, depuis qu'il habitait le rocher, il n'avait pas
vu la moindre embarcation, il craignait que
la côte qu'il avait en vue ne fût celle d'une
île déserte. En cinq jours le radeau fut cons-
truit ; Héraut y plaça le tonneau de vin de
Bordeaux, une tonne de tripangs, une pro-
vision de plantes marines desséchées, des crabes et des homards cuits, les cordes goudronnées et la caisse de ferremens ; il avait

façonné plusieurs planches en manière de rames,
et deux autres fendues et armées de longs
clous recourbés lui servaient de crocs. Il aurait
bien voulu placer, au centre du radeau, un
mât et une voile, mais il manquait de bois
pour en construire un, il lui fallut donc se
passer de ce puissant moyen de direction. Le
premier d'octobre, au soleil levant, Charles
Héraut, après avoir adressé à Dieu une fer-
vente prière, s'embarqua sur son frêle esquif
et commença à se diriger vers la terre qu'il
avait en vue. D'abord il gouverna facilement
son radeau, et déjà la côte se dessinait parfaitement, il en distinguait les divers accidens, elle était basse, sablonneuse et facilement abordable; à peu de distance du rivage
s'élevait une colline admirablement boisée;
mais dès que l'embarcation parvint au milieu
de l'espace qu'elle avait à parcourir, Héraut
s'aperçut que malgré ses efforts, il s'éloignait
de la côte, soit qu'il fût entré dans un courant, ou que la mer se retirât à ce moment;
il redoubla d'énergie, mais inutilement, peu
à peu la côte devenait moins distincte. Epuisé
de fatigue, il quitta les rames et se laissa
dériver, s'abandonnant à la Providence. Le
pauvre jeune homme fit bien tristement un
léger repas pour réparer ses forces. Il calcu-
lait combien de jours à peu près ses vivres

pourraient soutenir son existence; cependant il n'était pas absolument découragé; et il espérait atteindre quelques terres ou rencontrer un vaisseau. Vers le soir, Héraut vit avec joie que la mer entraînait le radeau dans la direction de la terre qu'il avait en vue le matin, et que depuis plusieurs heures, il avait cessé de voir. Il reprit les rames et se remit à l'ouvrage, comme la mer se portait alors rapidement vers la terre, et qu'il ramait vigoureusement, le mousse revit bientôt la côte s'élever au loin, le soleil se coucha, la lune vint le remplacer et inonder de sa douce lumière cette belle mer équatoriale, et servir de fanal au pauvre navigateur. Vers le milieu de la nuit. Héraut aborda heureusement, quoiqu'excédé de fatigue ; il ne se livra pas au sommeil, incertain qu'il était s il ne courait pas quelques dangers sur cette plage. Au point du jour, Charles Héraut vit que son radeau était posé sur le sable, assez loin de la mer qui alors était basse ; il prit un repas restaurant, mit sur terre le plus loin qu'il put de la limite de la marée montante, ses provisions, s'arma de la hache, du marteau et d'un des crocs, ainsi équipé partit pour reconnaître le pays. La forêt qui couronnait la colline paraissait d'une immense étendue, il y entra : c'était une de ces imposantes forêts vierges des

Moluques, où la hache de l'homme n'a jamais frayé de route. Héraut admirait la majestueuse beauté de la végétation, lorsqu'il crut entendre les plaintes d'un homme souffrant, il écoute; les plaintes sont distinctes, il se dirige du côté d'où elles viennent, et bientôt il aperçoit une créature qui lui semble humaine, aux prises avec un de ces immenses serpens que l'on nomme le python de Java; malgré le courage de la victime, qui frappait son ennemi à coups redoublés avec une énorme massue, le serpent lui avait enlacé les jambes, les anneaux du monstre dont la gueule était béante, et les yeux étincelans, s'avançaient déjà vers le ventre, lorsque Charles, ne consultant que son courage se précipite sur le python, et d'un coups de hache vigoureusement porté, lui tranche la queue; le corps du serpent se détend, il abandonne la proie qu'il avait saisi, et poussant un affreux sifflement, la tête se redresse, il se retourne vers son agresseur. Mais la créature dégagée porte un coup de massue sur la tête du monstre, qui expire presque aussitôt sous les coups redoublés de ses adversaires. Après la victoire, les deux nouveaux alliés se regardent mutuellement; Héraut se trouble à l'aspect d'un géant d'au moins six pieds, couvert de longs poils roux, ayant une figure bleuâtre, dont les traits

ont quelque ressemblance avec ceux d'un nègre ; les bras du géant sont d'une longueur
démesurée, ils dépassent les genoux, et sa
massue n'est rien autre que le tronc d'un jeune
palmier. Le géant ne paraissait pas moins
surpris que le mousse, tous deux restaient
immobiles. Charles Héraut, indécis, serrait
fortement le manche de sa hache, décidé qu'il
était à défendre chèrement sa vie. En ce moment des cris se font entendre, une bande de
géants semblables au premier, accourait à la
hâte ; la troupe pousse d'abord des cris indiquant la joie, puis apercevant le mousse, les
massues se lèvent et s'agitent avec fureur. En
ce moment, celui qui devait la vie au mousse,
fait un signe, jette sa massue, et pose avec
douceur sa main sur la tête de Charles. Les
nouveaux venus se calment aussitôt, s'approchent avec curiosité du corps du serpent dont
ils examinent les plaies avec étonnement, et
l'ami du jeune Héraut semble leur en indiquer
la cause en leur montrant la hache. Charles,
jaloux de faire connaître le pouvoir de son
arme, tranche une partie du serpent à la grande joie des hommes velus, qui cependant ne
proféraient pas une parole. Enfin la troupe
manifesta l'intention de se retirer, et le géant
sauvé par Charles, fit signe à son protecteur
de le suivre. Héraut rassuré, n'hésita pas.

Buffon.   4

Après une heure de marche on arriva dans
une clairière immense de la forêt, où s'élevait
une sorte de village formé de hutte de bran-
chages et de terre, c'était l'habitation des
hommes velus; or, ces hommes, n'étaient autres que des Pongos ou Orangs-Roux. D'après
le récit de Charles Héraut, ces Pongos vivent
en société, ils ne souffrent qu'aucun être vivant
entre dans la partie de la forêt qu'ils habitent, ils s'entr'aident mutuellement, et obéissent à l'autorité d'un chef qui leur transmet
ses ordres par signes au moyen de différens
cris. En quelque temps, Héraut devint le favori de la peuplade, c'était à qui lui appor-
terait des cocos et des bananes; comme les
Orangs le virent chasser et manger des petits
animaux, ils chassèrent pour lui, et quoiqu'ils
ne se nourrissent naturellement que de fruits,
néanmoins ils mangèrent volontiers des viandes
cuites. Le feu leur causait beaucoup de plaisir, ils l'entretenaient en y jetant du bois, mais
ils ne voulurent jamais en allumer eux-mêmes
en battant le briquet, quoiqu'ils apprissent
aisément à imiter toutes les actions humaines.
Ils n'aimaient pas à s'éloigner de la forêt;
cependant Héraut parvint à les attirer jusqu'à
son radeau, et à leur faire transporter toute
sa cargaison dans le village, où il leur donna
comme salaire du vin de Bordeaux qui se

trouva parfaitement de leur goût. Quoique très-vigoureux et d'un courage indomptable, ces animaux étaient fort doux l'un pour l'autre, pendant trois ans que Charles Héraut passa au milieu d'eux, il ne vit pas s'élever une seule querelle ; peines et plaisirs, fatigues et dangers tout était fraternellement partagé. Cependant le pauvre naufragé regrettait vivement sa patrie, tous les jours il allait vers la côte sans découvrir de vaisseaux. Dans ses excursions, l'Orang qu'il avait sauvé et auquel il donnait le nom de *Pékin*, le suivait toujours ; ils revenaient le soir à la peuplade, et souvent Pékin portait Charles sur son dos, lorsqu'ils avaient une longue distance à parcourir. Un jour ils ne revinrent pas ; comme Charles était sur le bord de la mer, il aperçut un vaisseau à l'ancre et une embarcation qui venait à la côte, il se rendit au-devant des navigateurs, ils étaient Français et montaient une frégate employée à un voyage de découvertes. Charles fut accueilli par le capitaine qui le fit inscrire sur le rôle de son équipage ; et Pékin, qui ne voulut jamais se séparer de lui, monta à bord, où il remplit pendant deux mois les fonctions de matelot avec intelligence. Le pauvre Orang mourut de maladie à peu de distance des côtes l'Europe.

Jules.

Ah ! j'en suis tout chagrin, j'aimais bien ce bon animal. Pourquoi n'y a t-il pas de ces orangs en France, ce serait très-agréable de les avoir pour domestiques ?

M. Lorimer.

Le climat est trop froid pour eux, ils ne peuvent le supporter ; plusieurs fois on a essayé d'élever des jeunes orangs à Paris, mais tous y sont morts en peu de temps. Il y a cinq ans on voyait au Jardin des Plantes un jeune orang-roux, de l'île de Bornéo. Jack, comme on l'appelait, n'avait pas encore deux ans et déjà il était aussi grand que toi. L'année dernière le même établissement possédait une jeune femelle de chimpanzé ou orang-noir d'Afrique. Mais continuons notre classification.

Les gibbons habitent l'Asie comme les orangs, ils n'ont que trois pieds de haut, et leurs bras sont si démesurément longs que les mains touchent à terre.

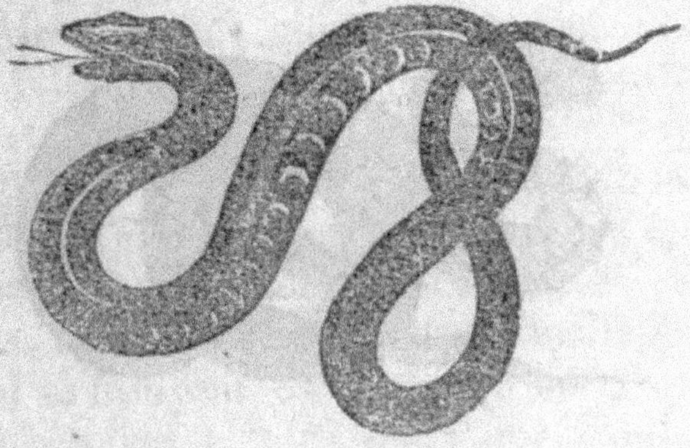

Le serpent Boa.

La Giraffe.

Le Python de Java.

Le Orang-Outang

Les cynocéphales sont de grands singes d'Afrique, fort méchans, hideux, tels que le mendrill, le papion, le drill; ils tirent leur nom, *cynocéphale*, qui veut dire en grec tête de chien, de leur museau allongé comme celui d'un épagneul. Les guenons sont de petits singes, les uns vifs, malicieux, malfaisans qui se trouvent en Afrique, les autres plus graves et plus doux qui habitent l'Asie.

Jules.

Mais, je croyais qu'une guenon était la femelle d'un singe.

M. Lorimer.

Pas plus qu'une perruche n'est la femelle d'un perroquet. C'est le nom d'un genre, il y a des guenons mâles et des guenons femelles.

Les singes américains ont pour la plupart une queue longue et prenante; c'est-à-dire qu'ils se servent de leur queue pour se suspendre aux arbres, et pour prendre sans se baisser les objets qui sont un peu plus loin que la portée de leurs mains. Ces singes sont constamment sur les arbres à l'exception de quelques espèces qui vivent à terre. Les sajous, les alouates, les hurleurs sont des singes à queue prenante, l'ouistili est une des principales espèces de singes de terre.

Après les singes, dans l'ordre des quadrumanes, viennent les makis ; ces animaux ressemblent aux singes par leurs quatre mains, mais leurs formes les rapprochent des autres mammifères dits quadrupèdes. La plupart des makis se trouvent dans la grande île de Madagascar.

Le troisième ordre des mammifères est l'ordre des carnassiers ; il comprend les animaux qui se nourrissent spécialement de proie vivante ; on subdivise cet ordre, le plus nombreux de tous, en cinq familles, savoir : 1° les cheiroptères, 2° les insectivores, 3° les plantigrades, 4° les digitigrades, 5° les amphibies.

Les cheiroptères sont des animaux

singuliers par leur conformation, puisque, bien qu'ils soient mammifères, couverts de poils, et qu'ils se rapprochent de l'homme par leur conformation, néanmoins ils sont destinés à poursuivre dans l'air les insectes qui leur servent de proie ; ces animaux sont les chauves-souris, leur nom, *cheiroptère*, signifie qui a des ailes aux mains. Dans les contrées équatoriales, on trouve de grandes chauves-souris, appelées roussettes, dont plusieurs ont cinq pieds de l'extrémité d'une aile à l'autre.

Jules.

C'est ce qu'on appelle l'envergure. Mais, pourquoi le nom de cheiroptère, veut-il dire ailes aux mains ?

M. Lorimer.

Parce que l'aile des chauves-souris est formée par le bras, et surtout les doigts prodigieusement allongés, et par la peau qui s'étend entre le corps et ces parties. La troisième famille est celle des insectivores, ou mammifères qui se nourrissent d'insectes. Dans cette famille se trouvent les hérisson, la taupe, la musareigne.

Jules.

Pour le hérisson, je le connais parfaitement ; mon grand cousin, celui que nous appelons *l'Amiral*, parce qu'il voulait être marin, en avait un, je me souviens qu'il faisait un terrible massacre de hannetons, qu'on lui servait dans de grands pots à fleurs.

M. Lorimer.

Tous les insectivores, rendent de grands services en détruisant des myriades d'insectes, aussi ne faut-il pas les détruire.

Jules.

J'aimerais bien avoir un hérisson, mais c'est dommage qu'il soit couvert de piquans, on ne sait pas où le prendre.

M. Lorimer.

C'est-là son seul moyen de défense,

lorsque quelque ennemi l'attaque, il se roule en boule et lui présente de toute part une masse inabordable d'épines cruelles.

Jules.

Oui, j'ai vu le hérisson du cousin l'Amiral, se rouler ainsi, quand le chien Turc voulait l'approcher.

M. Lorimer.

Puisqu'il était question, il y à trois jours, de la férocité des animaux, je te donne à deviner quels sont les plus féroces de tous?

Jules.

Ce n'est pas difficile à deviner ; c'est l'ours, le lion, le tigre....

M. Lorimer.

Pas du tout, ce sont les insectivores, et surtout la taupe.

Jules.

Ah ! une taupe féroce !... c'est plaisant. ... je me moque pas mal du cruel

animal · il serait comique d'être dévoré par une taupe. Si je me mets mon-
treur d'animaux, je prendrai pour en-
seigne : A LA TAUPE ANTHROPO-
PHAGE ! ! ! et je parie faire fortune.

M. Lorimer.

Veux-tu un exemple de la férocité de
ces animaux, en voici un. J'ai dans
l'enclos de Laurière une prairie qui était
ravagée par les larves des hannetons,
et pour détruire ces êtres incommodes
j'avais demandé au taupier, trois couples de taupes. Il fut les prendre à six
lieues plus loin, et les mit dans sa gibecière ; rentré dans sa maison, un peu
tard, il différa jusqu'au lendemain à me
les apporter. Lorsqu'il m'aborda il me
vanta la beauté et la vigueur de son
gibier, riant en même temps, de ce que
je le payai pour mettre dans mon terrain,
des animaux que l'on détruit partout
avec acharnement ; mais je riais à mon
tour de son étonnement, quand, au lieu
de six taupes il n'en trouva plus qu'une,

magnifique à la vérité. Le pauvre homme était stupéfait, la gibecière fermait hermétiquement, elle n'avait pas le plus léger trou, et de plus, si cinq avaient trouvé le moyen de s'échapper, la sixième les aurait suivies. J'eus bien de la peine à lui faire comprendre que les taupes se nourrissent de vers, de limaçons, d'insectes, de crapauds, de grenouilles, de mulots, de souris, et de mille animaux malfaisans; que la taupe ressent une faim insatiable, et que si deux taupes restent sans nourriture dans le même endroit, la plus forte dévore la plus faible, et qu'ainsi de ses six prisonnières, il n'était resté après plusieurs combats que les deux plus vigoureuses, dont l'une des deux avait à son tour dévoré l'autre. Le brave taupier tout interdit, me pria de donner des vers à la taupe survivante, il la vit avec consternation les dévorer à l'instant, puis saisir par le ventre, et dévorer de même avec rage une souris qui se trouva vivante dans une souricière. Alors, mon homme, les larmes aux yeux, me dit : N'en parlez, je vous prie, à personne, car je serais ruiné.

La famille des plantigrades renferme tous les carnassiers qui ont le pied court, et qui en posent la plante sur le sol en marchant ; c'est à cette manière de poser le pied que la famille doit son nom, *planti-grade*, qui marche sur la plante du pied ; *grade* venant du mot latin *gradior* je marche. Dans cette famille sont rangés les ours, les blaireaux, les ratons, animaux d'Amérique qui ont de la ressemblance avec le renard.

Jules.

Et l'ours, est-il très-féroce ?

M. Lorimer.

Tu veux dire très-carnassier. L'ours brun des Alpes, l'ours roux des Pyrérées, sont omnivores, et vivent autant de racines que de chair ; jusqu'à l'âge de trois ans, ils ne mangent que des racines et des fruits. L'ours noir d'Amérique préfère les fruits et le miel à la

Le Chameau.

L'Ours.

Le Renard.

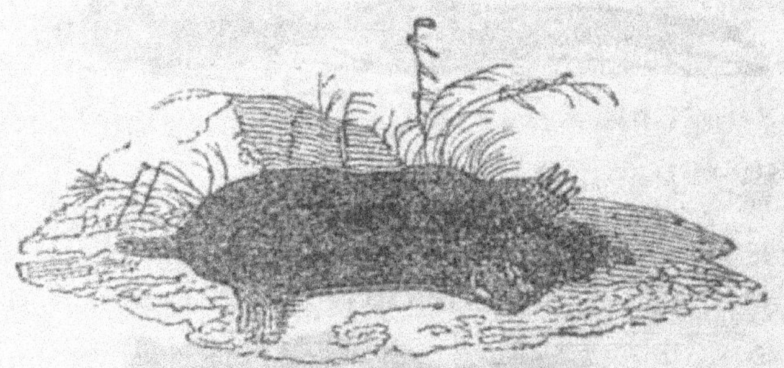

La Taupe.

Le Blaireau.

viande; l'ours jongleur de l'Inde, ne mange jamais de chair, il n'y a que l'ours blanc, qui soit plus carnassier que le frugivore, et cela tient aux contrées polaires peu fertiles qu'il est destiné à habiter.

Jules.

Oh! l'ours blanc, il est bien méchant, j'ai lu sur lui de terribles histoires.

M. Lorimer.

Oui, de grands mensonges de voyageurs. Tu remarqueras surtout que ces attaques d'ours blancs arrivent, selon les récits, pendant l'hiver, au milieu des neiges; eh bien! à cette époque, l'ours est engourdi et souvent enseveli sous vingt à trente pieds de neige durcie. L'ours blanc se défend quand on cherche à le tuer; il devient redoutable lorsque la faim le presse, il a cela de commun avec tous les autres animaux. Il est plus importun que méchant, il est curieux, il s'approche sans trop de crainte de l'homme, parce qu'habitant des contrées désertes il éprouve rarement la force de ses armes, et comme il est toujours fort mal reçu dans ses visites, il se fâche, il résiste, de là sa mauvaise réputation. Du reste, qu'on le nourrisse bien, qu'on le soigne et il devient traitable et même familier.

Jules.

De quoi se nourrit l'ours blanc?

M. Lorimer.

De phoques, de morses, de baleines mortes et de poissons.

La quatrième famille, celle des digitigrades, comprend les animaux dont les pieds sont très-longs et les doigts très-courts de sorte qu'en marchant, ils ne posent que sur l'extrémité des doigts. Aussi chez ces animaux ce qu'on appelle jambe est le pied, ce que l'on nomme cuisse est la jambe, et la cuisse ne se voit pas étant cachée sous la peau où elle forme la croupe. Parmi les digitigrades on compte : les martes, petits animaux dont le corps est très-allongé et la fourrure fine et recherchée, elles sont très-carnassières et se nourrissent d'œufs, d'oiseaux, d'insectes et de reptiles ; la belette, la fouine, l'hermine, le furet appartiennent au genre marte.

Jules.

C'est très-joli un furet, je voudrais bien en avoir un.

M. Lorimer.

Ce petit animal est très-dangereux, et de plus il répand une odeur insupportable.

Jules.

Et pourquoi le furet est-il dangereux ?

M. Lorimer.

Comme il est originaire d'Afrique, pour le conserver dans nos climats, il faut beaucoup de soins, il faut le tenir bien chaudement enfermé dans de l'étoupe ou de la filasse, le nourrir de lait, d'œufs et rarement de viande de poulet cuite. Il en résulte que l'animal éprouve un désir très-violent de prendre une nourriture plus convenable à sa nature, qu'il parvient quelquefois à s'échapper et attaque les animaux de la maison, quelquefois même de jeunes enfans.

Jules.

Comment, des enfans ont été tués par des furets ?

M. Lorimer.

Malheureusement, cet accident arrive quelquefois. Il a causé la ruine d'un malheureux garde, que j'ai bien connu.

Michel Servais était un brave grenadier de la garde impériale, renommé par son adresse pour le tir du fusil, adresse dont plus d'un ennemi de la France avait eu à se plaindre. Gravement blessé à Austerlitz, Michel reçut, non sans verser des larmes, son congé, une pension de 600 francs et une place de garde-chasse dans la forêt de Fontainebleau. C'était-là certainement une belle et honorable retraite, mais elle ne pouvait suffire à dissiper le chagrin

que ressentait Michel en quittant l'armée. Pour lui la guerre c'était la vie ;
voir l'empereur, il ne pouvait imaginer
de plaisir plus vif, et il pensait qu'il ne
serait plus là aux prises avec l'ennemi,
et qu'il lui faudrait attendre la paix
pour entrevoir à la chasse son empereur.
Je ne te dirai pas combien Michel souf-
frit au départ de Napoléon pour l'île
d'Elbe, et surtout à sa seconde chute,
après le désastre de Waterloo. Il fut
long-temps malade. Michel, dans les
derniers temps de l'empire avait épousé
une jolie fille du village de Tomery, et
il demeurait avec sa jeune famille dans
les ruines d'un antique ermitage près de
la roche qui pleure. En 1817 il venait
d'avoir un troisième enfant, circonstance à laquelle il dut sa perte ; car le
gouverneur du château prit la femme
du brave Michel pour nourrice. Habi-
tuellement, la nourrice séjournait au
château de Fontainebleau, mais elle
obtenait de temps à autre la permission
de venir à l'ermitage, pour mettre de

l'ordre dans sa maison et voir ses enfans. Un jour le capitaine des chasses fit
prévenir Michel qu'il viendrait chasser
le lapin au terrier, et que tout fut prêt
pour l'heure qu'il indiquait. Le garde,
pour rendre les furets plus actifs, les laissa
jeûner et en attendant l'arrivée des chasseurs, il alla boucher les terriers qu'il
savait être les mieux peuplés. Pendant
cet intervalle la nourrice était venue,
et elle avait déposé son nourrisson, un
joli petit garçon, dans le berceau d'une
de ses filles, puis elle était sortie pour
voir des abeilles, dont les ruches se
trouvaient au milieu des roches à deux
cents pas de la maison ; à peine était-
elle sortie, qu'un furet affamé parvint a
s'échapper du tonneau où on le conser-
vait ; il pénètre dans la chambre, monte
sur le berceau, ouvre une veine du cou
du pauvre petit garçon, se gorge de
sang, puis lui attaque les yeux. Juge
quel fut le désespoir de la nourrice lorsqu'attirée par les cris du malheureux
enfant, elle le vit dans cet état. Le sai-

sissement qu'elle éprouva fut si vif, qu'on la mit en terre peu de jours après. Quant à l'enfant on le sauva, mais il est resté aveugle et défiguré. Le gouverneur indigné s'en prit à Michel, quoique innocent du défaut de surveillance de sa femme, il lui fit perdre sa place. L'ancien soldat dans l'amertume de sa douleur voulut quitter la France, il s'embarqua pour les États-Unis, le bâtiment fit naufrage, et Michel périt avec ses enfans, dans la traversée.

Jules.

Oh! bien, jamais je n'aurai de furets, je n'en veux plus. Ce pauvre Michel! cette histoire m'a fait beaucoup de peine.

M. Lorimer.

Après les martes viennent les civettes dont le ventre porte une poche remplie d'une matière très-parfumée; puis les loutres qui ont une fourrure épaisse, le corps plat et bas sur jambes et les doigts unis par une membrane qui les transforme en nageoires ; aussi les loutres comme tous les animaux dont les pieds sont ainsi conformés, vivent sur le bord des eaux, nagent très-bien, et se nourrissent de poissons. Les hyènes suivent les loutres dans la classification, puis viennent les deux grands genres des chiens et des chats.

Jules.

Les chiens et les chats, pourquoi les nommes-tu deux grands genres?

M. Lorimer.

Parce qu'ils sont composés de nombreuses et importantes espèces ; ainsi le genre chien compte parmi les siennes, les loups, les renards et toutes les variétés de chiens domestiques. Dans le genre chat sont compris : le lion, le tigre royal, la panthère, le léopard, le jaguar, le couguard, l'ocelot, le marguay et plusieurs autres chats de l'Amérique et de l'Asie, le chat domestique, et enfin les lynx, dits communément loups-cerviers.

Jules.

Quoi ! le lion, le tigre, ne sont que des chats ?

M. Lorimer.

Oui, examine bien ton chat, tu lui trouveras toute la démarche et les allures du tigre, ce sont les mêmes mœurs, les mêmes habitudes. Tous ces animaux font entendre le même murmure sourd lorsqu'on les caresse, ce murmure que tu compares au bruit d'un rouet ; tous font patte de velours en jouant, parce que leurs ongles sont rétractiles, c'est-à-dire susceptibles d'être relevés au-dessus du doigt et cachés sous les poils.

Jules.

J'aime mieux le genre des chiens que celui des chats, au moins les chiens sont bons, ils s'attachent à leur maître et sont reconnaissans. Quand je dis les chiens, je ne veux parler ni du loup, ni du renard.

M. Lorimer.

Le chien domestique nous donne des

exemples continuels d'attachement ; mais considère aussi que sa domesticité remonte bien haut, au-delà même des temps historiques, qu'il est passé dans sa nature de vivre avec un maître et de lui être fidèle ; mais c'est une erreur que de penser qu'il en est autrement des divers animaux, je vais pour te convaincre te citer quelques exemples.

M. de l'Étang était louvetier dans le département du Jura. Un louvetier est un riche propriétaire, qui peut avoir un équipage de chasse, une meute, et que le gouvernement charge de la destruction des animaux dangereux, tels que le loup. Un jour donc que ce monsieur était en chasse dans une forêt, ses limiers découvrirent la retraite d'une louve qui allaitait cinq petits. L'animal se défendit avec vigueur, comme une mère dont la famille et menacée dans son existence ; on la tua néanmoins, quatre de ses louveteaux eurent le même sort, mais M. de l'Étang eut le caprice d'en garder un, qu'il fit nourrir par une chienne de basse-cour. En quelques mois, le jeune loup devint fort, et il s'attacha tellement à son maître, qu'il ne voulait plus le quitter. Il vivait au salon, la nuit il couchait sur le tapis de pieds auprès du lit; il apprit à aboyer comme les autres chiens de la maison, et se laissa dresser à la chasse comme le meilleur des épagneuls. M. de l'Étang avait des propriétés à la Martinique, et une affaire grave l'appela dans cette île. A son départ, il confia son loup à un de ses frères qui habitait Paris, craignant qu'on n'en prît pas assez de soin dans sa maison. Le loup fut long-temps malade du chagrin qu'il conçut de l'absence de son maître, il hurlait sans cesse, si bien, qu'il devint insupportable à tous les habitans de la maison, et qu'on prit le parti d'en faire don aux professeurs du Jardin des Plantes. M. de l'Étang fut retenu sept ans à la Martinique, enfin il put revoir la France. Comme on lui avait caché la manière dont on avait disposé de son animal favori, il se faisait une joie de le retrouver chez son frère, et il désirait vivement éprouver si le loup, après une si longue absence, le reconnaîtrait. Son mécontentement fut extrême, quand il sut que le loup ne lui appartenait plus. Il partit immédiatement pour le Jardin des Plantes ; en passant devant les cages de la ménagerie, il entend tout-à-coup les cris réitérés et les bonds d'un animal, il s'arrête, c'était son loup qui faisait mille efforts pour s'échapper entre ses barreaux et le rejoindre. M. de l'Étang se fit ouvrir la cage en présence d'un des administrateurs, le loup se précipita sur lui, le léchant et le couvrant de caresses, et lui pleurait en les lui rendant. M. de l'Étang réclama son favori, mais il fallait une décision du conseil d'administration ; on lui promit de s'en occuper le lendemain, il fallut donc se quitter. Le pauvre loup poussait des hurlemens de douleur, et la peine qu'il ressentit après une joie si vive fut si violente, qu'avant le jour, il mourut.

Jules.

Tu me fais de la peine, j'aimais bien ce bon loup.

M. Lorimer.

Voici un autre animal que tu aimeras encore mieux. J'ai été témoin du fait qui s'est passé pendant que j'étais à l'armée d'Afrique.

On avait formé à Oran un corps de troupes composé en partie de Français et d'Arabes, sous le nom de zouaves ; tous les officiers en étaient français. Un jour les zouaves reçoivent l'ordre d'accompagner une colonne chargée de châtier les Hadjoutes, tribu formée d'un ramas de brigands dont la principale retraite est le bois de Karessa et la montagne d'Affroum. Une partie des zouaves éclairait la marche et d'autres se trouvaient à l'arrière-garde. On traversait un ravin au-dessous de la montagne, lorsqu'on aperçut un lion magnifique couché à l'ombre d'un dattier, près d'une source, et paraissant attendre sa proie. Les voltigeurs de l'avant - garde lui envoyèrent une décharge, et on vit le majestueux animal se lever, fixer ses ennemis, puis faire plusieurs bonds et tomber, on le crut mort. L'ordre était d'avancer, on ne put donc s'approcher du lion. Mais un des zouaves de l'arrière-garde, un parisien, s'était promis d'enlever la belle peau de l'animal. Il se cache derrière un buisson d'aloès, et dès que les derniers hommes de l'arrière-garde sont hors de vue, il s'avance vers le lieu où le lion a dû tomber. Il arrive, mais l'animal respire encore. Il jette sur le soldat, un regard dans lequel se peint la douleur. La parisien peut sans danger achever le lion et en enlever la dépouille, mais il est compatissant autant que brave, et il ne peut se résoudre à frapper ce noble lion sans défense ; il se penche sur lui, s'aperçoit qu'une de ses pattes est brisée, et qu'une balle a traversé la croupe, elle restait engagée dans les chairs, il la retire, lave la plaie avec de l'eau-de-vie mêlée d'eau que

contient son bidon, déchire son mou-
choir, rapproche les os de la patte du
lion, les tient fixés avec un éclat de
palmier et une bande qu'il improvise,
puis reprend sa course pour rejoindre la
colonne. L'expédition est couronnée de
succès, elle entre à Oran par un autre
chemin.

Une année s'était écoulée, l'Afrique
était en paix, des camps avaient été
établis sur différens points, et tous les
jours, des piquets de trente à quarante
hommes portaient la correspondance
d'un camp à un autre. Un piquet de
zouaves reçoit à son tour l'ordre d'aller
d'Oran à Mazagran, petite citadelle illus-
trée par un fait d'armes inoui, qui efface
l'éclat du fameux combat de Léonidas,
puisque 123 hommes triomphèrent des
efforts héroïques de douze mille ennemis. Notre parisien, terrible dans le
combat, ne se piquait pas d'une rigou-
reuse observation de la discipline, et le
corps dans lequel il servait, n'était pas
non plus sans reproche sous ce rapport.

Selon son habitude, le zouave suivait de loin son détachement, fumant sa pipe, et cherchant une gazelle à tirer. Dans un repli du terrain, il est tout-à-coup assailli par cinq arabes embusqués qui s'étaient tenus bien cachés pendant le défilé du détachement. Le parisien fait feu, mais son arme est détournée par un yatagan, aucun des ennemis n'est atteint; désespéré, le zouave veut vendre au moins chèrement sa vie, il prend son fusil par le canon et s'en sert comme d'une massue, abattant les yatagans levés sur sa tête, il gagne ainsi un palmier auquel il s'adosse. Les arabes n'osent tirer sur lui, le détachement est encore trop peu éloigné, mais ils accablent le malheureux parisien de pierres, et le pressent vivement de leurs armes; déjà il avait reçu plusieurs blessures, quand, tout-à-coup, on entend un rugissement terrible, deux arabes tombent morts, les autres prennent la fuite, et le lion, sans daigner les regarder, se couche aux pieds du parisien stupéfait

L'Hyiène.

Le Castor.

6

L'Ours Marin.

Le Bulldogue.

Il aperçoit deux longues cicatrices sur la croupe de l'animal, plus de doute, c'est celui qu'il a épargné et pensé, et aujourd'hui il lui doit la vie. Le zouave caresse le lion, et reprend sa route, le lion le suit, et entre avec lui dans la ville de Mazagran, où il resta jusqu'au départ des zouaves, qu'il accompagna pendant le retour, jusqu'aux portes d'Oran. Depuis il a reparu plusieurs fois, mais comme on se plaignait de la disparition de plusieurs têtes de bétail, on lui fit une chasse qui le rejeta dans la montagne, sans qu'il fut atteint.

Jules.

Tant mieux ! c'était un brave lion : je suis bien aise qu'il vive encore.

M. Lorimer.

Mais il est déjà cinq heures, notre conversation a été fort longue, demain nous continuerons.

CHAPITRE IV.

<center>~~~~~</center>

**Suite des mammifères. — Le vieux trappeur
et le castor. — Léon le Nigaud.**

Nous sommes restés hier sur le genre
des chats, qui terminent la famille des
digitigrades; les amphibies composent
la famille suivante, la dernière de l'ordre des carnassiers. Le nom d'amphibie
veut dire existence double; en effet les
animaux de cette division vivent sur la
terre et dans l'eau, leurs pieds sont
palmés et font le double office de na-

geoires dans l'eau et de pieds à terre.
Parmi les amphibies, les uns sont carnassiers et vivent de poissons, les autres
sont herbivores. Les genres phoques ou
veau-marin, et morse, composent cette
division. On trouve des phoques dans
toutes les mers, mais les espèces les plus
recherchées habitent les côtes les plus
reculées des terres antarctiques. De
nombreux bâtimens partent tous les ans
des ports de l'Angleterre et des États-
Unis, pour la pêche ou plutôt la chasse
des phoques, dont les uns fournissent
une fourrure très-estimée et les autres
de l'huile en abondance.

L'ordre quatrième est celui des marsupiaux, ou animaux à bourse, qui
portent une poche sous le ventre dans
laquelle les petits se retirent pendant la
première période de leur existence. Les
sarigues de l'Amérique méridionale, les
kangurous de la nouvelle Hollande, et
presque tous les mammifères de cette
île immense et des îles qui l'entourent
sont des marsupiaux.

L'ordre cinquième, celui des rongeurs, est riche en espèces, mais la plupart sont très-petites. Les rongeurs sont des animaux timides, craintifs, qui font presque tous leur nourriture de substances végétales. Le nom imposé à l'ordre, vient de l'habitude où sont ces animaux d'user avec leurs dents incisives, les substances qu'ils dévorent. Plusieurs rongeurs se creusent des terriers, et un genre, celui des castors, bâtit de véritables maisons. Les écureuils, les marmottes, le rat, la souris, le loir, le mulot, le rat d'eau, le chinchilla ou rat des Cordilières du Chili, le lièvre, le lapin, l'agouti, le cochon d'Inde, le castor, sont des rongeurs.

Jules.

J'aime bien le castor, c'est un animal industrieux : c'est dommage qu'il ne puisse souffrir le voisinage de l'homme, car il serait très-curieux de le voir construire ses demeures; j'ai lu que les castors étaient autrefois très-communs

le long de la rivière de Bièvre qui se
jette dans la Seine à Paris.[1]

M. Lorimer.

Le castor ne fuit le voisinage de
l'homme, que parce que l'homme lui
fait une guerre cruelle et détruit l'animal et ses constructions ; mais j'ai eu la
preuve, dans mon voyage en Amérique,
que l'homme et le castor peuvent vivre
en bonne intelligence.

Je parcourais le Canada, et j'avais
laissé depuis plusieurs jours derrière
moi, les rives si pittoresques du lac
Érié ; je m'avançais vers le nord-est,
quelques-uns des hommes de cette con-
trée qui vivent loin de toute habitation,
seuls, ne s'occupant que de chasse, et
qui trouvent un charme inexprimable
loin de toute civilisation, au sein de la
nature la plus âpre et la plus sauvage,
je savais que j'en trouverais plusieurs
sur l'extrême frontière. J'entrepris donc,
pour satisfaire ma curiosité, un voyage
d'au moins cent lieues, à travers des

forêts et des terres où l'on ne trouve aucune route, n'ayant avec moi qu'un sauvage qui s'était engagé à me guider à mon retour à Québec, car je voulais marcher à l'aventure jusqu'à ce que j'eusse pu satisfaire ma curiosité. Je n'avais d'autre bagage que mes armes, du plomb, de la poudre, et du linge ce qu'il en faut à un soldat, habitué à la fatigue et aux privations qu'imposent l'état militaire ; je regrettais peu le confortable de la vie, dont j'allais me priver, et je me mis en marche à pied, joyeux de vivre quelque temps comme un véritable enfant de la nature. Il y avait trois semaines, que j'errais ainsi dans uu pays admirable, pêchant et chassant, cherchant des fruits pour ma nourriture, lorsque mon sauvage vint un soir près de moi, marchant à pas de loup, le fusil armé et le doigt posé sur la bouche pour m'inviter au silence. Il s'était écarté quelques instans auparavant, pour chercher un lieu propice à bivouaquer pendant la nuit. Je crus qu'il avait découvert quelque tribu ennemie, et que nous courrions du danger ; comme lui j'armai mon fusil. Quand il fut proche, il me dit qu'il venait d'apercevoir les édifices d'une troupe de castors, et que si je voulais me placer à l'affût avec lui, nous ne tarderions pas à en abattre plusieurs, et à nous munir d'excellentes fourrures pour nous couvrir pendant la nuit. Cette nouvelle me combla de joie, non que je voulusse tuer des castors, mais j'étais ravi de pouvoir vérifier par moi-même si les récits des naturalistes sur cet animal sont exacts. Je désarmai mon fusil, invitant mon brave sauvage à faire de même. Il me conduisit avec la plus grande précaution sur la limite d'une clairière de la forêt, et là je jouis d'un des plus beaux spectacles que j'aie jamais vu. La lune brillait radieuse sur un ciel de l'azur le plus pur, et jetait une douce lumière sur un admirable paysage ; au fond s'élevait une haute colline couverte de sapins et de cèdres, des rochers bizarrement découpés la bordaient au pied, et de l'un d'eux tombait une abondante cascade dont les eaux écumantes formaient ensuite un petit lac entouré de roseaux, de joncs et de génévriers; une prairie émaillée de mille fleurs s'étendait de toute part, jusqu'aux arbres qui limitaient la clairière. Du sein des touffes de roseaux s'élevaient les dômes arrondis des cabanes des castors; mais ce qui me frappa d'étonnement, c'était une chaussée s'avançant jusqu'au milieu du lac, se terminant à quelque distance d'une cabane semblable aux autres par la forme, mais haute d'environ dix mètres, et élevée sur pilotis. Je demandai à mon sauvage si les castors avaient l'habitude de construire ainsi, il me dit que non, et qu'il ne pouvait s'expliquer une semblable construction. Bientôt, nous vîmes sortir les castors; les uns coupaient des branches avec leurs dents, puis les traînaient à la chaussée : on les entendait ensuite frapper avec leur queue, et battre de la terre dont ils recouvraient ces

branches, d'autres détachaient des arbres de grands morceaux d'écorces, qui
étaient subdivisés en fragmens et portés
dans les maisons, quelques-uns déter-
raient des racines en employant leurs
ongles, et les rongeaient : plusieurs
jouaient ensemble, tous annonçaient
tant de sécurité que je ne puis me résoudre à porter au milieu d'eux la mort et
la terreur, et que je retins plusieurs fois
le bras de l'Américain, qui ne voulait
pas comprendre pourquoi, moi, chasseur si déterminé, j'épargnais cette magnifique proie. Il posa son arme à terre,
et s'étendit de fort mauvaise humeur sur
l'herbe, où il s'endormit. Pour moi je
restai la nuit entière occupé à considérer
les allures de ces intéressans animaux
et la cabane mystérieuse d'où aucun
castor ne sortait, et dont pas un ne s'ap-
prochait. Lorsque la lune se coucha, les
animaux rentrèrent. Je me hasardai
alors sur la chaussée pour considérer de
plus près la grande cabane, elle avait
une porte percée à hauteur d'homme,

parfaitement close par uu battant, ce
qui bouleverse plus encore toutes mes
idées. Au point du jour, au moment où
j'allais me jeter à la nage pour atteindre
la cabane, et pénétrer le mystère qu'elle
me cachait, la porte s'ouvrit, j'aperçus
distinctement un vieillard à barbe grise,
vêtu d'une sorte de juste-au-corps de
peau de daim. Il me vit, et poussa un
cri de surprise : puis saisissant une ca-
rabine, il me coucha en joue, me de-
mandant en même temps en anglais,
qui j'étais et ce que je faisais-là. Pour le
rassurer, je posai mon arme à terre et
lui donnai l'explication désirée. Aussitôt
il posa une poutre sur la chaussée et sur
le seuil de sa porte, et vint me rejoindre, il me tendit la main, m'annonçant
que j'étais le bien venu, puis il s'infor-
ma, comment j'étais venu seul, jusque-
là, et d'où je venais. Je lui dis que je
n'étais pas seul, et qu'un sauvage m'ac-
compagnait pour me servir de guide à
mon retour, mais que pour le moment
le caprice seul me conduisait. En enten-

dant parler de guide, le vieillard fronça le sourcil, je vis que cette circonstance le contrariait ; néanmoins il reprit la parole et me demanda dans quelle intention j'avais entrepris un si fatigant voyage. Je lui avouai donc que mon but était de voir de près quelques-uns de ces chasseurs que l'on nommait *trappeurs* et qui vivent solitaires loin de toute habitation humaine. Il sourit — Le hasard, répondit-il, vous a servi à souhait, je suis le plus singulier de ces hommes peut-être, que vous puissiez rencontrer, car depuis quarante ans je vis ici, au milieu de mes amis les castors, et vous êtes le premier être humain, qui soit venu depuis ce temps me visiter. — Veuillez me dire, répondis-je, comment il se fait que ces animaux ne vous fuyent pas ? — C'est, me dit le vieux trappeur, qu'ils n'ont encore vu que moi de l'espèce humaine, et que jamais je ne leur ai fait de mal. — Je serais bien curieux, dis-je alors, de connaître votre histoire ? — Volontiers, dit-il, elle est bien simple.

Je suis né en Angleterre, jeune encore j'héritai d'une grande fortune et d'un beau nom ; vous savez que les titres et les propriétés de l'aristocratie anglaise, se transmettent par substitutions aux héritiers mâles les plus directs ; c'est ainsi que je me trouvai à la mort d'un oncle en possession du titre de pair d'un des trois Royaumes-Unis. J'avais alors d'irréconciliables et puissans ennemis, ils engagèrent un de mes parens à me disputer mon siége à la chambre des Pairs et mon majorat ; leur influence me fit perdre mon procès ; je formai un appel, je perdis et me trouvai complètement ruiné. Je me décidai aussitôt à quitter pour jamais l'Angleterre, et à passer en Amérique. La haine de mes ennemis me poursuivit jusqu'au-delà des mers, ce qui me détermina à embraser les genre de vie que je mène, à m'éloigner des hommes et à n'avoir rien de commun a l'avenir avec ce qu'ils nomment leur justice. Je vis de ma chasse. Elle me procure une abondante nourriture et une inaltérable santé ; lorsque j'ai besoin de vêtemens et de munitions, je porte des fourrures à un comptoir situé à 50 lieues d'ici, et j'y trouve ce qui m'est nécessaire en échange, mais ces voyages sont rares. Tels sont les événemens qui m'ont amenés ici. Lorsque j'eus trouvé cet endroit, sa beauté et sa solitude me séduisirent, après m'être assuré que je n'aurais pas de voisins, je m'y fixai : deux couples de castors avaient commencé à construire sur le bord d'un petit ruisseau, ils travaillaient à barrer le cours par une digue, pour se former un étang. Ces animaux me virent sans effroi : ayant remarqué les racines qu'ils aimaient le mieux pour nourriture, je leur en arrachai et leur en fournis abondamment, ils s'enhardirent au point de venir manger dans ma main, dès lors je fis le projet d'agrandir leur digue, de former un petit lac du milieu duquel s'élèverait ma demeure. Je commençai par me construire la cabane que vous voyez, après l'avoir placée sur pilotis à la manière des Malais ; je travaillai ensuite à élever cette chaussée, ensuite à étendre et à élargir la digue de mes castors. Il me fallut deux ans de travaux assidus pour former ce lac ; aujourd'hui ma colonie de castors devenue nombreuse me dispense de m'occuper de l'entretien des digues. Ces animaux vivent avec moi comme si j'étais l'un des leurs, ils accourent à ma voix, je les aime comme un père aime ses enfans. La seule inquiétude qui me tourmente, c'est que quelque chasseur ne pénètre jusqu'ici ; si quelqu'un de mes castors était tué, je ne sais si je pourrais m'empêcher de venger sa mort par celle du meurtrier. Comme vous n'êtes pas du pays, je vous vois avec plaisir, mais je crains que le sauvage qui vous accompagne, ne revienne après votre départ pour détruire ma colonie. Je rassurai le trappeur en lui disant que l'Américain m'avait demandé de le conduire en Europe, et que cette circonstance me décidait à céder à ses désirs. Le trappeur satisfait nous conduisit dans sa cabane, où je passai trois jours au milieu des castors, que je vis travailler à loisir, et qui nous laissaient pénétrer dans leurs demeures, et visiter leurs constructions.

Jules.

Es-tu heureux d'avoir pu voyager, et voir des choses si intéressantes ! Quand je serai grand, me laisseras tu voyager à mon tour ?

M. Lorimer.

Certainement, il n'y a rien de tel que les voyages pour perfectionner l'éducation et former les jeunes gens. Revenons à nos mammifères.

Le sixième ordre est celui des édentés. On appelle ainsi toute une division d'animaux dont les uns manquent d'une ou de plusieurs sortes de dents, et dont quelques genres même, n'ont pas du tout de dents. L'aï ou paresseux, les tatous dont la peau est couverte d'écail les, les fourmillers, qui prennent les fourmis avec leur langue gluante et extensible : les échidnés et les ornithorhynques de la Nouvelle-Hollande , qui pondent, à ce que l'on croit , des œufs comme les oiseaux , mais qui ont des mamelles pour allaiter leurs petits, sont rangés dans cet ordre.

Vient ensuite l'ordre plus important des pachydermes. Tous les animaux dont la peau est très-épaisse sont comme l'indique le nom en grec (cuir épais) des pachydermes. On distingue dans cet ordre les proboscidiens , dont les nez excessivement prolongé et mobile , porte le nom de trompe. Cet organe outre qu'il sert à respirer est une sorte de main très-adroite , terminée par un prolongement qui , comme un doigt saisit les objets les plus déliés. L'éléphant et le tapir sont proboscidiens. Il y a deux espèces d'éléphans , celui d'Asie et l'éléphant d'Afrique.

Jules.

Quelle masse que l'éléphant , comme

cet animal doit être redoutable lorsqu'il est en furie ?

M. Lorimer.

Voici à ce sujet ce que m'écrit monsieur Duvillars, qui, comme tu le sais, est dans l'Inde. « Dans le courant du mais d'octobre, le bruit se répandit à Bombay, que deux éléphans de la plus haute taille ravageaient la campagne. L'apparition subite et peu ordinaire de ces animaux avait en effet jeté l'alarme dans tout le pays. Plusieurs champs se trouvaient complètement dépouillés de leurs récoltes ; des arbres, des murs de clôture étaient renversés. L'autorité donne l'ordre de s'emparer de ces deux éléphans ou de les mettre à mort. On fit sortir de la ville les éléphans domestiques pour faire prisonniers ces sauvages et deux pièces de canon les accompagnèrent pour les soutenir s'il y avait nécessité. La colonne se mit en marche militairement, précédée d'éclaireurs, qui le lendemain annoncèrent que les

bêtes sauvages campaient dans un champ
de cannes à sucre. Le capitaine d'artillerie chargé du commandement, prit
aussitôt ses dispositions, il mit les pièces
en batterie et rangea les éléphans privés
autour du champ, comme un rempart
vivant; en dehors il fit creuser un fossé
à la hâte. Lorsque ces travaux furent
terminés, les éléphans privés reçurent
le signal de s'emparer des deux sauvages; dressés à cette manœuvre, ils avan-
cent en cercle, la trompe levée, au
nombre de vingt, pour frapper et rédui-
re leurs adversaires; mais ceux-ci les
attendent de pied ferme, le premier qui
s'approche d'eux reçoit un si furieux
coup sur la tête qu'il tombe le crâne
fracassé un autre a l'épaule traversée
par le défense droite du second sauvage.
Les éléphans domestiques reculent, on
les rappelle pour ne recommencer l'attaque qu'au milieu de la nuit. Le second
assaut est repoussé par les sauvages
avec non moins de fureur, ils renversent
leurs ennemis, et se précipitent dans le

fossé donnant les signes de la colère la plus terrible. Il n'y avait plus à songer à leur capture ; le capitaine donne l'ordre d'amener le canon ; pendant le mouvement, l'un des deux sauvages s'élance hors du fossé, son compagnon le poussant par la croupe, il l'aide ensuite à son tour en le tirant par une de ses défenses. Tous deux aussitôt partent avec la rapidité de la flèche et se dirigent vers un village situé à peu de distance Un cavalier veut porter l'alarme et les prévenir, mais malgré la vitesse de son cheval, lancé au galop, les éléphans le dépassent. Un homme se présente à eux, il est déchiré, puis écrasé sous les pieds de ces furieux, qui se précipitent ensuite de toutes leurs forces sur les murs des maisons qu'ils font écrouler. Cependant l'artillerie arrive, on tire à mitraille, un boulet frappe l'un des deux animaux à la tête, il rebondit sans pénétrer, mais l'animal chancelle et tombe, on le croit mort, et l'on recharge les pièces pour abattre l'autre. Quel n'est pas l'étonnement des soldats, lorsqu'ils voient les deux animaux au comble de la rage s'élancer sur eux, on les reçoit par une décharge de mitraille à bout portant; le feu les repousse, ils reculent, se portent dans le village où ils renversent plusieurs édifices. Il fallut encore deux décharges pour les mettre à mort ; l'un des deux avait vingt-huit boulets logés dans le corps. On croit que ces éléphans venaient des forêts qui couvrent les rives du haut Indus; ils avaient quatorze pieds anglais de longueur de la tête à la queue et dix de hauteur. »

Jules.

Quel terrible combat ! on est effrayé en songeant qu'il pouvait coûter la vie à un grand nombre de personnes.

M. Lorimer.

On a eu à déplorer la mort d'un homme et celle d'un enfant, mais plusieurs personnes ont été blessées.

Passons aux autres pachydermes qui sont : le rhinocéros, l'hippopotame, le sanglier, le cheval, l'âne et le zèbre, ces trois derniers avec plusieurs autres espèces composant la famille des solipèdes ou pachydermes qui n'ont qu'un seul ongle et un seul doigt apparent à chaque pied.

Jules.

Ne sais-tu pas encore quelque histoire amusante sur ces animaux ?

M. Lorimer.

Oui, mais nous les réservons pour le moment où je te ferai étudier sérieusement l'histoire naturelle. En attendant je te donnerai un livre très-amusant publié par un des auteurs de la Bibliothèque Religieuse, Morale et Littéraire, et qui a pour titre *les Bêtes savantes et industrieuses*.

Après les pachydermes viennent les ruminans, qui forment l'ordre huitième. Les ruminans sont des animaux herbivores, qui peuvent faire remonter dans la bouche les alimens qu'ils ont avalés afin de les broyer une seconde fois. Il ont quatre estomacs, leur mâchoire supérieure n'a pas de dents incisives, leurs pieds ont deux doigts apparens et deux ongles. Dans cette ordre sont des animaux que tu connais bien : les lamas, les chameaux, la girafe, le cerf, l'élan, le renne, le daim, le chevreuil, les gazelles, le bœuf, la brebis, la chèvre, etc., etc.

Jules.

Qu'est-ce que cet animal, dont voici la figure et qu'on appelle nigaud. Je croyais qu'un *nigaud* était une espèce d'imbécile.

M. Lorimer.

C'est que le graveur a mal orthographié le nom, il fallait nyl-gaut, c'est-à-dire en indoustan taureau-bleu, le nyl-gaut est une gazelle de la taille d'un cerf, qui se trouve dans toute la partie basse de la chaîne de l'Hymalaya ; le mâle a le pelage gris cendré, mais la femelle est fauve. Tu vois que le nom de cette gazelle n'a rien de commun avec notre mot *nigaud*, qui signifie quelqu'un sans expérience ; tel est un petit garçon de ma connaissance que l'on a surnommé *Léon-le-nigaud*, parce qu'il ne veut pas comprendre le danger, qu'il n'écoute pas ce qu'on lui dit, et qu'il est toujours la dupe de sa désobéissance. Ainsi, il grimpe sans cesse sur les tables, sur les chaises, quoiqu'on lui répète qu'il risque de tomber et de se casser un membre. Un jour mon nigaud monte sur un tabouret, tombe à la renverse et se fend la tête sur l'angle du bureau ; il manqua de se tuer, heureusement pour lui qu'il en fut quitte pour rester au lit sans boire ni manger pendant plusieurs jours. Une autre fois on lui dit de jeter une fleur qu'il avait cueillie, parce qu'elle pourrait l'empoisonner. Mon nigaud s'en va bien vite cueillir de cette plante afin d'en manger ; sa désobéissance fut punie encore par des douleurs d'estomac et d'entrailles très-fortes, et il fut amplement purgé. Il ne veut pas croire que le feu brûle, et il se rôtit le bout des doigts. On lui défend de toucher aux instrumens, il n'a rien de plus pressé que d'en prendre et de se couper ; enfin, mon nigaud persuadé, persuadé qu'une serpe ne pouvait tailler que le bois, en ramasse une qu'on avait laissé par mégarde au jardin ; et il se fait une profonde coupure à la cheville du pied, pour laquelle il est encore aujourd'hui au lit, fort heureux de ce qu'on ne lui ait pas coupé la jambe.

Jules.

Voilà un vrai nigaud, on ne peut pas désobéir plus bêtement qu'en riquant de se tuer ou de s'estropier, il faut espérer que l'aventure de la serpe le rendra plus prudent.

M. Lorimer.

Je le souhaite pour son père et sa mère qu'il inquiète sans cesse, et pour lui-même, car il finirait par passer pour un imbécile.

Jules.

Nous en étions aux ruminans.

M. Lorimer.

Oui, l'ordre suivant, le neuvième et dernier des mammifères, est celui des cétacés ; ce nom vient d'un mot grec qui veut dire baleine. La baleine, les lamantins, les cachalots et les dauphins sont compris dans cet ordre.

Jules.

Comment, ces animaux ne sont pas des poissons ?

M. Lorimer.

Non, les anciens naturalistes les considéraient comme poissons parce qu'ils vivent dans la mer, sans remarquer qu'ils ont l'organisation des animaux terrestres : ainsi, ils respirent comme nous par des poumons, ils allaitent leurs petits, ils ne sont pas ovipares, ils n'ont pas de nageoires, mais leurs quatre membres sont disposés de manière à en tenir lieu.

Jules.

Pourquoi pêche-t-on la baleine ?

M. Lorimer.

Pour fondre la graisse qui donne une huile utile dans les arts, et pour prendre les lames de corne appelées fanons qui recouvrent son palais et forment sa sa lèvre supérieure ; ces lames souples et très-flexibles donnent la baleine du commerce.

Jules.

Quoi ! la baleine du corset de maman ? celle de ma cravache ?

M. Lorimer.

Oui. Le cachalot, autre cétacé, fournit la cétine, matière grasse et transparente dont on fait les bougies diaphanes, et l'ambre gris recherché comme parfum.

J'entends ta mère qui nous appelle, demain je te parlerai des oiseaux et des poissons.

Le Cheval.

L'Ane.

L'Aigle.

Le Faucon.

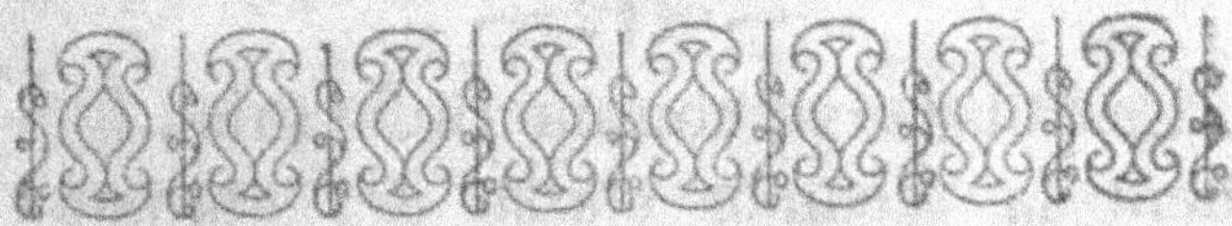

CHAPITRE V.

***

Les oiseaux. — Les reptiles. — Les poissons. — Les deux frères jumeaux et le requin.

Jules.

Tu m'as promis de me décrire aujourd'hui les classes des oiseaux et des poissons. Comme il y a de magnifiques oiseaux au Jardin des Plantes, si j'étais grand, je voudrais en faire une belle collection.

M. Lorimer.

Tu pourras apprendre à empailler, et alors tu te formeras un cabinet à peu de frais : c'est une charmante occupation.

Les oiseaux, comme tu le sais, forment la seconde classe des animaux vertébrés, on les divise en six ordres.

1° Les oiseaux de proie divisés en diurnes, ou qui chassent le jour, et en nocturnes, c'est-à-dire qui chassent la nuit. Les oiseaux de proie sont forts, hardis, ils ont un bec dur, recourbé en pointe, et des pieds nommés serres, armés d'ongles tranchans. Parmi les oiseaux de proie diurnes on compte : l'aigle, le faucon, l'autour, l'épervier, le milan, les buses, le griffon ou vautour des agneaux, qui se trouvent dans les hautes montagnes, enfin les vautours.

Les oiseaux de proie nocturnes, ne peuvent supporter la lumière, ils ne sortent que la nuit, ils ont de grands yeux semblables à ceux des chats. Ces oiseaux sont : les ducs ou hibous dont la tête a deux aigrettes de plumes en forme d'oreilles, et les chouettes qui n'ont pas d'aigrettes.

2° Les passereaux, ordre nombreux

qui se subdivise en cinq familles. Dans la première, celle des denti-rostres, ou becs dentés, on voit : les pies-grièches, les jolis tangaras américains, le magnifique lyre de la Nouvelle - Hollande, et plusieurs de nos oiseaux chanteurs, le merle, les grives, le rossignol, le rouge-gorge, la fauvette, le roitelet.

Dans la seconde famille, celles des fissorostres, ou becs-fendus, se trouvent : l'engoulevent et les hirondelles.

Dans la troisième, les conirostres ou becs-coniques, se trouvent : le serin, le bouvreuil, le chardonneret, les bruans, les pinsons, les mésanges, les veuves, les magnifiques oiseaux de paradis, les geais, le pies et les corbeaux.

Dans la quatrième, les ténuirostres, ou becs-fins, se rangent : la huppe, le grimpereau, le torcol, les colibris et les oiseaux mouches, brillans comme des pierres précieuses, et si bien nommés par Buffon les bijoux de la nature.

Enfin dans la cinquième famille, celle des syndactyles ou des doigts soudés, ainsi nommés parce que les doigts sont unis jusqu'aux ongles, on a placé les guêpiers qui vivent d'abeilles et de guêpes, les callaos, oiseaux d'Asie au bec monstrueux, et les jolis martin-pêcheurs.

Le troisième ordre est celui des grimpeurs, on y trouve les pies et les coucous, oiseaux forestiers qui vivent d'insectes ; les toucans dont le bec est de la longueur du corps, et la brillante tribu des perroquets, des perruches et des lorris, si choyée dans notre pays et détestée dans le sien à cause de ses ravages.

L'ordre quatrième, celui des gallinacés, nous rend de grands services en nous fournissant d'utiles alimens ; dans cet ordre se trouvent : les pigeons, le coq et la poule, la perdrix, la caille, les faisans, le paon, la pintade, etc.

L'ordre cinquième renferme les oiseaux dits échassiers, parce qu'ils sont montés sur de hautes et longues jambes, destinés qu'ils sont les uns à courir sur le sable du désert, les autres sur les rives des marais et des rivières.

Cet ordre se subdivise en quatre familles :

1° Les brévipennes ou échassiers à ailes courtes, tels que l'autruche, le nandou ou autruche d'Amérique, et le casoar, singulier oiseau de la Nouvelle-Hollande, qui porte un casque osseux sur la tête, et dont les plumes semblent être de longs crins noirs.

2° Les cultrirostres ou becs tranchans; ces échassiers vivent sur les rivages et se nourrissent de poissons et de reptiles; ce sont les grues, les agamis, les hérons, les cigognes, les spatules.

3° Les longirostres ou échassiers à long bec, comme les ibis, les courlis, les bécasses, les barges, les maubêches, les allouettes de mer, les combattans, les chevaliers et les avocettes.

4° Les macrodactyles ou échassiers à gros doigts, ce sont : les jacanas, les kamichis, les râles, les poules d'eau, les perdrix de mer, et les flammans.

L'ordre sixième est celui des salmi-
pèdes ou pieds palmés, ces oiseaux ont
les jambes courtes, placées en arrière et
mieux disposées pour la natation que
la marche. Cet ordre comprend quatre
familles.

1° Les plongeurs, qui vivent sur les
côtes des mers, où ils se nourrissent de
poissons et de mollusques. On remarque
parmi les plongeurs : les plongeons, les
grèbes, les guillemots, les pingouins,
les manchots, et les sphénisques.

2° Les longipennes, ou palmipèdes à
longues ailes, ce sont les oiseaux de
haute mer, que l'on rencontre à de
grandes distances des côtes, ils planent
fort haut, et se précipitent comme la
foudre pour saisir le poisson qui nage
à fleur d'eau. Les genres principaux sont
les suivans : les pétrels, les albatros,
les goëlans, les mouettes, les hirondelles de mer, et les becs en ciseaux.

3° Les tolipalmes, ou pieds entière-
ment palmés, comme : les pélicans,
les cormorans, les frégates, les fous,

les anhinigas et les oiseaux du tropique.

4° La dernière famille, celle des lamellirostres, comprend tous les oiseaux aquatiques dont le bec est plat, et muni sur les bords de petites lames servant de dents. Les lamellirostres sont : le cygne, les canards, l'oie, la bernache, l'eider, les céréophis et les harles.

Quant à la troisième classe des vertébrés, elle renferme tous les animaux connus sous le nom de reptiles. On divise ces derniers en quadrupèdes ovipares, et en reptiles apodes, ou sans pieds; les uns et les autres traînent leur ventre contre terre en marchant, de là leur nom de reptiles; la peau est nue dans certains genres, écailleuse dans d'autres. Le sang des reptiles est rouge, mais froid; aussi la plupart de ces animaux passent l'hiver engourdis. Les œufs des reptiles du premier ordre, ont une coquille dure.

La classe des reptiles se divise en quatre ordres.

1° Les chéloniens ; cet ordre renferme toutes les tortues, animaux qui ont le corps logé dans l'intérieur de deux cuirasses osseuses, nommées caparace. Il y a des tortues de terre, des tortues de mer et des tortues d'eau douce : parmi les tortues de mer on distingue le luth et la tortue franche, dont le poids dépasse cent kilogrammes, et le caret petite espèce qui fournit la substance écaille dans les arts.

L'ordre second est celui, des sauriens : on le divise en deux familles, les crocodiliens et les lacertiens. Dans la première, on range ces grands et terribles reptiles nommés crocodiles, gavials et alligators. La taille des crocodiles dépasse souvent dix mètres de longueur. La femelle dépose dans le sable des œufs dont la coquille est très-dure. Ces animaux sont très-voraces, ils entraînent leur proie dans l'eau, pour la noyer avant de s'en repaître. Les gavials habitent les eaux des parties les plus chaudes de l'Asie et de l'Afrique, les croco-

L'Autruche.

Le Perroquet.

La Vipère Cornue.

Le Boiquara.

diles se trouvent également en Afrique, et les alligators en Amérique. La famille des lacertiens comprend une multitude de genres et d'espèces.

L'ordre troisième, est appelé les ophidiens, parce qu'on y range tous les reptiles sans pieds, nommés serpens. Cet ordre a trois familles : 1° les couleuvres, qui n'ont pas de crochets venimeux à la partie antérieure de la mâchoire : dans cette famille se trouvent : le boas, le python de Java et un grand nombre de petits serpens fort innocens, comme la couleuvre à collier, le serpent d'Esculape, la bordelaise.

2° Les serpens vénimeux, qui ont à la partie antérieure de la mâchoire, deux crochets mobiles, creux, aigus, par lesquels ils fout couler dans les blessures des animaux qu'ils attaquent un venin mortel. On range dans cette famille : la vipère, l'aspic, le naja de l'Inde, le serpent noir des Antilles, les serpens à sonnettes et une foule d'autres.

3° Les serpens nus qui ont la peau

molle et sans écaille, on n'en connaît qu'un seul genre, les cécilies ou serpens aveugles, ainsi nommés parce que leurs paupières sont à peine entr'ouvertes. Les cécilies n'ont pas de venin.

L'ordre 3e, celui des batraciens, renferme les grenouilles, les crapauds, les salamandres, les protées et les syrènes.

Enfin la quatrième et dernière classe des vertébrés, est la classe des poissons.

Tu sais que les poissons vivent uniquement dans l'eau, qu'ils respirent par des branchies, organes consistant en feuillets membraneux parsemés de vaisseaux, qui décomposent l'eau pour en absorber un des principes, comme les poumons des autres vertébrés décomposent l'air Beaucoup de poissons ont, sous l'épine dorsale, une grande vessie qu'ils emplissent d'air et qu'ils vident à volonté ; par ce mécanisme ils se rendent plus légers ou plus lourds que l'eau, et peuvent s'enfoncer dans les profondeurs de l'eau ou s'élever à la surface. Les poissons se meuvent à l'aide de

nageoires : on nomme nageoires pectorales, celles qui sont sous la poitrine ;
ventrales, celles qui s'attachent sous le
ventre ; nageoires anales, celles qui se
rapprochent de la queue ; dorsales, les
nageoires qui surmontent le dos, et
caudales, celles que produit la queue
en s'aplatissant La plupart des poissons
sont ovipares, on les divise en deux
ordres ; 1° les poissons cartilagineux,
c'est-à-dire ceux dont les os sont mous
et flexibles ; 2° les poissons osseux.

Le premier ordre comprend trois familles. 1° Les cyclostomes ; on les recon-
naît à leur bouche arrondie, placée au
bout du museau et formée par une lèvre
charnue, demi-circulaire, soutenue par
un anneau cartilagineux. Dans cette famille sont : lês lamproies, les ammocè-
tes et les gastrobranches.

2° Les plagiostomes. Leur nom signifie en grec, bouche placée transversa-
lement et derrière la tête. Ces poissons
ont des nageoires pectorales et des nageoires ventrales, les œufs éclosent dans

les ventre de la mère. Cette famille renferme les squales qui ont la queue grosse, charnue et le corps allongé. Les requins dont la mâchoire formidable est armée de plusieurs rangées de dents aiguës et tranchantes, disposées de manière qu'une rangée remplace l'autre, quand cette dernière éprouve quelque accident.

Jules.

Oh! les requins, j'ai lu que c'étaient des poissons bien dangereux, et que leur nom vient de requiem, mot qui commence les prières des morts.

M. Lorimer.

C'est très-exact; aussi le requin est l'effroi des marins, et il joue un grand rôle dans leurs récits.

Jules.

Raconte-moi donc, mon père, une de ces histoires de requins.

M. Lorimer.

Dans ma traversée d'Amérique en

France, j'ai été témoin d'un de ces accidens tragiques. Je m'étais embarqué à la Vera-Cruz sur un bâtiment marchand du Hâvre; parmi les passagers étaient deux jeunes Mexicains, frères jumeaux, âgés de 18 ans, fils d'un riche négociant de Mexico, ils allaient en France pour terminer leur éducation. Ces deux frères, qui avaient entre eux une ressemblance frappante, s'aimaient tendrement, ils étaient chéris du capitaine, de l'équipage, et de tous les passagers, tant ils montraient d'amabilité, de douceur et de complaisance. Lestes et agiles, on les voyait monter dans les cordages et courir sur les vergues avec autant d'aplomb et de légèreté que les matelots, qu'ils se faisaient un plaisir d'aider dans leurs travaux. Bien loin d'imiter la plupart des jeunes gens, qui se livrent à bord à l'oisiveté la plus complète, ils profitaient de leur voyage et de l'amitié du capitaine pour s'instruire dans l'art de la navigation, ils étudiaient avec ardeur les mathématiques et l'hydrographie. Nageurs infatigables, une de leurs récréations consistait à suivre le vaisseau en se jouant dans l'écume de son sillage, ils restaient quelquefois une heure entière à la mer. Nous étions arrivés dans les parages du cap de Bonne-Espérance, l'océan contre sa coutume à cette latitude était calme, le vent soufflait faiblement, le navire filait à peine trois nœuds ; les deux frères profitèrent de cette circonstance pour se livrer à leur exercice favori. Le capitaine qui veillait sur eux avec autant de tendresse qu'un père, faisait toujours jeter à la mer dans cette circonstance deux cordes armées chacune d'une bouée, et un matelot en vigie devait donner l'alarme s'il apercevait un requin. Nugnès et Alphonso, depuis une demi-heure, nageaient autour du brick, tantôt s'efforçant de le devancer, tantôt se reposant sur les bouées pour replonger de nouveau. Tout-à-coup le matelot de vigie s'écrie : un requin ! un requin ! L'alarme se répand sur le pont, tous ceux qui

La Tortue de terre.

Le Crocodille.

Le Requin.

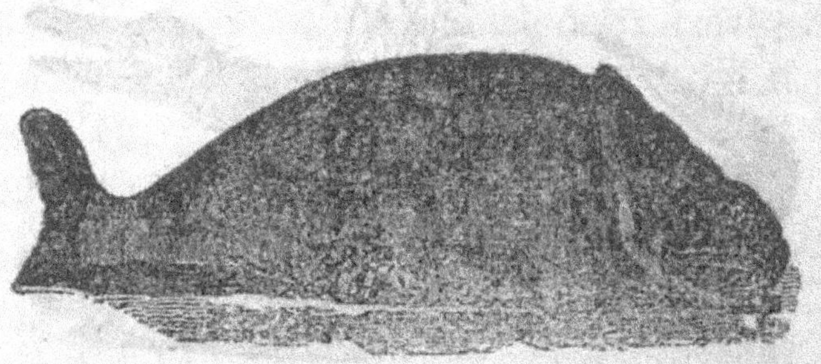

La Baleine.

s'y trouvaient se penchent sur la mer, appelant à grands cris les deux frères. Nugnès saisit une des cordes et monte rapidement. Alphonso était plus loin, il se hâte, le capitaine plein d'effroi fait mettre en panne, pour que le jeune homme atteigne plus promptement le navire, de tous côtés on lance des cordes à la mer; Alphonso n'est plus qu'à une demi-en-câblure d'une des bouées; mais le monstre l'a aperçu, il se dirige vers le malheureux dont il veut faire sa proie. On voit distinctement le requin nager entre deux eaux et se retourner: un cri part de toutes les bouches. Alphonso comprend le danger, il plonge aussitôt et va reparaître à cent pas plus loin. Son mouvement avait été si rapide qu'il avait échappé au requin, qui s'élança sur la corde et la coupa en deux. Un matelot, dans ce moment, essaya de le harponner, mais inutilement; le monstre avait revu le malheureux jeune homme et il se dirigeait de nouveau vers lui. Alphonso était plus éloigné du bord

que lorsque le requin l'avait aperçu
pour la première fois, il avait moins de
chance de salut, cependant il ne per-
dait pas courage, et les yeux fixés sur
l'horrible habitant des mers, il en épiait
tous les mouvemens pour tâcher de lui
échapper encore. Le capitaine donne
l'ordre de mettre une chaloupe en mer
pour tâcher de sauver l'infortuné, les
matelots les plus intrépides se mettaient
en mesure d'obéir, quand on entend le
bruit d'un corps qui tombe à la mer.
C'était Nugnès qui, profitant de l'attention que l'on portait au-dehors, s'était
armé de deux longs poignards et nageait
droit au monstre pour sauver son frère.
Tout l'équipage reste immobile, chacun
redoute l'issue de ce drame terrible, il
fallut que la voix du capitaine rappelât
l'ordre de mettre une chaloupe en mer.
Cependant Alphonso avait laissé le requin s'approcher de lui, et lui avait
échappé en plongeant de nouveau, Nugnès joignait alors le monstre et au moment où il se retournait il lui plongea

un de ses poignards dans le corps jusqu'à la garde, puis s'enfonça dans l'eau.
On vit l'énorme poisson bondir, l'onde
rougit autour de lui, trois fois il frappe
les flots de sa queue, Alphonso se rap-
prochait à la hâte du vaisseau. Le monstre furieux le revoit et s'avance sur lui
avec rage. Nugnès reparaît entre eux,
le requin s'arrête, l'intrépide jeune
homme se glisse sous son ventre et lui
fait de larges blessures ; il s'attache aux
flancs du requin que l'on voit se dresser
puis retomber avec fracas, cherchant à
écraser son ennemi de sa masse pesante.
il reparaît ; mais Nugnès s'est séparé à
temps du monstre, au milieu de l'écume ensanglantée que les convulsions de
l'horrible animal fait jaillir de toute part.
La chaloupe arrive en cet instant, elle
a recueilli Alphonso ; on crie à Nugnès
de venir à bord, les uns lui tendent un
aviron, les autres une corde. Alphonso
qui n'avait rien vu du dévoûment héroïque de son frère, tremble en le
voyant dans les eaux du monstre, il

appelle Nugnès, il veut se jeter à la mer
pour le ramener, c'est avec peine que
le second du navire, qui commande la
chaloupe, emploie toute sa force pour
le retenir, Nugnès suit des yeux le requin, qu'il n'ose plus approcher tant
ses mouvemens ont de furie, et contre
les atteintes duquel il se tient en garde.
Enfin le requin semble tomber épuisé
par la perte de son sang. Nugnès alors
se rapproche de la chaloupe, il en saisit
le bord, on s'empresse de l'aider, on
l'enlève, mais tout-à-coup un cri déchi-
rant se fait entendre, c'est Alphonso
qui a vu le requin se redresser et s'é-
lancer sur son frère : un aviron qu'il a
précipité dans la gueule du monstre est
brisé comme une paille légère, cependant il a suffi pour sauver Nugnès, dont
la jambe n'a été que faiblement atteinte.
Les deux frères tombent dans les bras
l'un de l'autre, et s'évanouissent ; on
les raporte à bord sans connaissance, et
lorsqu'ils reprirent leurs sens, leurs
premiers regards tombèrent sur leur

redoutable ennemi étendu mort à leurs pieds, un matelot l'avait harponné, et le monstre avait succombé à cette nouvelle blessure. Depuis ce moment les deux frères devinrent l'objet d'une sorte de culte de la part de tous ceux qui montaient le navire, les matelots les saluaient respectucusement et témoignaient pour eux la plus haute vénération, tant il est vrai que le courage et la vertu excitent l'enthousiasme des hommes mêmes les plus grossiers.

Jules.

Ah Dieu! je suis soulagé! Quelle intrépidité et quel dévoûment! Que je suis heureux qu'ils aient échappé à ce cruel requin.

M. Lorimer.

Tu le vois, le sang-froid et le courage triomphent des plus grands dangers; si Alphonso s'était laissé intimider à l'aspect du requin, il était perdu.

Jules.

C'est vrai, mais c'est bien difficile d'être courageux.

M. Lorimer.

Il faut, comme en toute chose, avoir assez de force d'âme pour se commander à soi-même. Celui qui ne peut vaincre ses défauts, ne sera jamais qu'un lâche et un sot. En tout il faut s'observer et faire des efforts pour triompher soit de ses imperfections naturelles, soit de ses mauvais penchans. Le paresseux doit s'attacher au travail et peu à peu il verra son aversion pour l'étude se dissiper, le plaisir qu'il éprouvera ensuite le dédommagera amplement de ses efforts ; celui dont la mémoire est rebelle la rendra souple et excellente en s'habituant à apprendre par cœur, et surtout en réfléchissant sur ce qu'il apprend, afin de le retenir avec plus de sûreté. Le poltron deviendra courageux en bravant les objets de sa crainte, en restant seul pendant la nuit dans sa chambre, en ne craignant pas de parcourir dans l'obscurité le jardin, le campagne, les bois mêmes ; si quelque objet lui paraît extraordinaire pendant la nuit

La Raie.

L'Esturgeon.

L'Espadon.

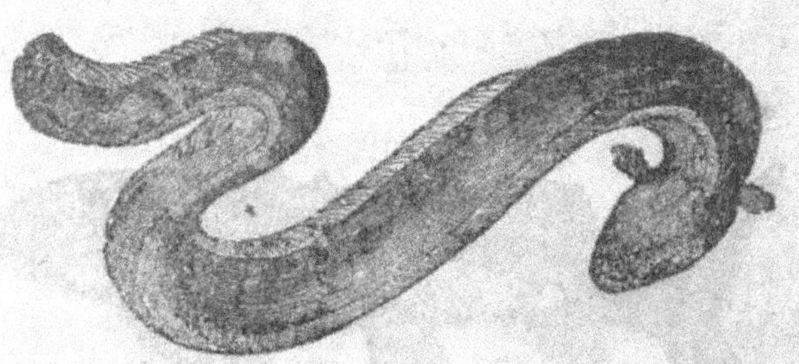

L'Anguille Électrique.

en allant auprès pour le toucher et l'examiner, alors il se convaincra que sa crainte est ridicule. Rien n'est plus digne de pitié qu'un poltron. Je connais un petit garçon nommé Henri, très-gentil du reste, très-spirituel, assez bon travailleur, mais d'une poltronnerie sans exemple ; il n'ose pas aller du salon dans la salle à manger seul le soir, il croit voir partout des voleurs, il a pris au sérieux des contes absurdes de nourrice et de bonne femme, aussi après le soleil couché il est toujous attaché au côté de sa maman ou d'un domestique, il n'y a pas à lui parler d'aller se mettre au lit sans être accompagné, il en mourrait de frayeur; il faut le regarder s'endormir, son lit est dans la chambre de sa maman. Le papa de ce petit poltron est médecin, et il avait des os de mort nécessaires pour l'étude de l'anatomie, depuis que le poltron le sait, il tremble de rencontrer des morts dans la maison, comme si des ossemens humains étaient plus à redouter que des os de bœufs ou de poulet.

Jules.

Ah ! papa, est-ce qu'il est possible qu'il y ait dans le monde un petit garçon aussi ridicule ? Si tu ne me le disais pas toi-même, je ne voudrais pas le croire.

M. Lorimer.

Oui, c'est possible, il existe et tu le connais, mais je ne te dirai pas son vrai nom ; car si notre poltron savait que tout le monde a le secret de sa bravoure, il n'oserait plus se montrer.

Jules.

Moi, j'aurais peur d'un loup, d'un lion, si j'en voyais, mais avoir peur d'un os, c'est par trop bête ; je n'aurais pas même peur d'un homme, quand même il serait armé.

M. Lorimer.

Souviens-toi toujours que la frayeur, même fondée, augmente le danger, et qu'elle n'est jamais permise à un homme dans aucune circonstance. Mais revenons à nos poissons de la seconde famille : après les requins viennent les genres des milandres, des émissoles, des marteaux et des raies ; parmi ces dernières, on remarque la raie bouclée, la raie aigle et la torpille qui lance une si grande quantité d'électricité, qu'elle foudroie les poissons qui veulent l'attaquer et ceux dont elle fait sa proie.

La famille troisième, celle des sturoniens, renferme entre autres le genre l'esturgeon. Ces poissons qui atteignent à une longueur de 8 mètres, remontent dans les rivières, ils abondent surtout dans le nord, leur chair est bonne à manger, avec leur vessie natatoire on fabrique la colle dite de poisson, et leurs œufs confits se mangent sous le nom de caviar.

Le second ordre, celui des poissons osseux, est divisé en six familles. Dans la première sont rangés les diodons, les tétradons, les balistes et les chimères.

Dans la seconde on trouve : les syngna-thes, les pégases et les hippocampes. Dans la troisième on a placé le saumon, la truite, la truite saumonnée, le ha-reng, l'anchois, la sardine, l'alose, le brochet, la carpe, le cyprin doré de la Chine que nous élevons dans les bassins de nos jardins et même dans les globes de verre dans nos appartemens ; vien-nent ensuite le goujon, la tanche, la loche, les silures. La famille quatrième comprend les anguilles et les gymnotes qui sont électriques comme le torpille. La famille cinquième possède la morue, le merlan et les poissons plats comme le turbot, le sole, la limande, le carrelet, etc. Enfin la sixième famille composée des poissons à nageoires épineuses, ren-ferme : la perche, la vive, le rouget, la baudroie, le thon, le maquereau, l'espadon et les chétodons.

Nous finirons ici cette courte exposi-tion de la classification des animaux, quant à ce qui regarde les invertébrés, au lieu de t'en parler actuellement, je te donnerai l'*Album d'histoire naturelle*, où tu trouveras de nombreuses figures d'animaux de toutes les classes, avec une classification complète de toutes les familles et des principaux genres.

FIN.

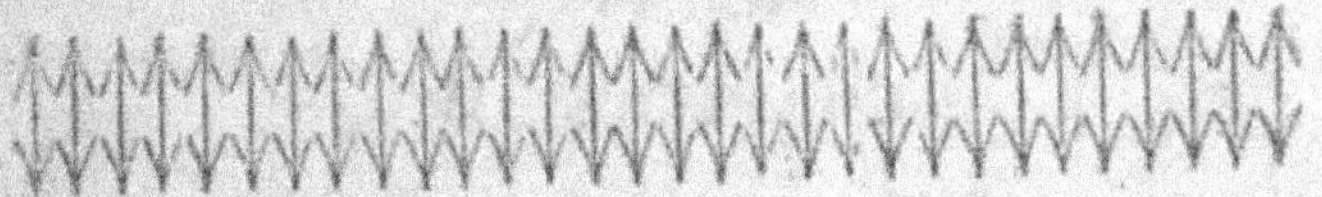

TABLE

CHAPITRE PREMIER,

CHAPITRE II.

CHAPITRE III.

FIN DE LA TABLE.

LIMOGES ET ISLE,
Imp. MARTIAL ARDANT FRÈRES.